液化气体的热分层及爆沸机理研究

石剑云 著

中国矿业大学出版社
·徐州·

内 容 提 要

沸腾液体膨胀蒸气爆炸(BLEVE)是一种危害极大的爆炸事故,事故过程涉及液化气体储罐的内外耦合传热及气液两相非平衡热力学传质问题。本书旨在揭示BLEVE机理,首先设计并搭建热响应试验装置和快速泄放试验装置,采用液化气体、过热水等介质,开展多种试验条件下的热响应与快速泄放试验;然后基于试验建立数值计算模型,对试验过程进行数值模拟分析。综合试验、数值计算两方面结果,得到液化气体的热分层和爆沸过程的影响因素及内在机理,为BLEVE事故的防控理论和技术提供指导。

本书可供液化气体储运安全领域的科研人员、工程技术人员以及高校师生参考。

图书在版编目(CIP)数据

液化气体的热分层及爆沸机理研究 / 石剑云著. —
徐州 : 中国矿业大学出版社, 2021.11

ISBN 978-7-5646-5245-6

Ⅰ. ①液… Ⅱ. ①石… Ⅲ. ①液化气罐—热环境—传热性质—研究 Ⅳ. ①TE972

中国版本图书馆CIP数据核字(2021)第241595号

书　　名　液化气体的热分层及爆沸机理研究
著　　者　石剑云
责任编辑　陈红梅
出版发行　中国矿业大学出版社有限责任公司
（江苏省徐州市解放南路　邮编 221008）
营销热线　(0516)83884103　83885105
出版服务　(0516)83995789　83884920
网　　址　http://www.cumtp.com　**E-mail**:cumtpvip@cumtp.com
印　　刷　徐州中矿大印发科技有限公司
开　　本　787 mm×960 mm　1/16　**印张** 9　**字数** 171 千字
版次印次　2021年11月第1版　2021年11月第1次印刷
定　　价　36.00元

前　言

对于常温常压下的气态物质，人们可以通过加压、降温等方式将其液化，以方便储存和运输，此类被液化的气态物质则称为液化气体。液化气体在生产、生活等领域的使用非常广泛。例如：液化烃、液氨、液氯为常用的化工原料和产品，液化石油气（LPG）、液化天然气（LNG）为民用和商业燃气、化工原料、车用燃料、工业燃料等。随着我国能源消费的结构化调整，LPG、LNG 等清洁能源用量逐步提高。根据国家发展和改革委员会、国家能源局印发的《能源生产和消费革命战略（2016—2030）》，2021—2030 年，我国高碳化石能源利用将大幅减少，天然气占比将达到 15%左右。随着 LPG、LNG 等液化气体使用量的增长和使用范围的不断扩大，其储运和使用过程中的安全问题逐渐突显。液化气体储罐是液化气体储运过程中的核心设备，也是最大的危险源。根据《危险化学品重大危险源辨识》（GB 18218—2018），达到一定临界量的 LPG、LNG 储罐均被定义为重大危险源。

在液化气体储罐可能发生的事故中，沸腾液体膨胀蒸气爆炸（boiling liquid expanding vapor explosion，BLEVE）是后果最为严重的一种爆炸事故。据不完全统计，全球已发生近百起重大的 BLEVE 事故，造成上千人死亡，上万人受伤，经济损失达数十亿美元。较典型的 BLEVE 事故如 1984 年 11 月 19 日发生在墨西哥的液化石油气储罐爆炸事故，共造成 542 人死亡、7 000 多人受伤。参考大多数研究者的定义，BLEVE 是指容纳过热液体的容器完全失效导致的沸腾液体和膨胀蒸气的爆炸性释放。这里的“过热”是相对于环境压力而言的。对于压力容器中的液化气体、承压锅炉中的过热水等，其液体相对于环境压力均处于过热态。BLEVE 的破坏性极大，通常伴随冲击波、高速碎片抛射、介质高速释放，如果介质可燃，那么很可能引发后续的火球或蒸气云爆炸。由于常见的压力液化气体多为可燃物(如LPG等烃类)，并且火球、蒸气云爆炸等具有巨大的破坏性，一些学者通常将物理爆炸后续的燃爆也归为BLEVE事故范畴。严格来说，BLEVE只是液化气体的物理爆炸阶段，可燃物不是发生BLEVE的必要条件。本书中BLEVE遵从大多数学者的定义，指的是过热液体爆沸导致的物理爆炸，可燃介质泄放后导致的燃烧爆炸不在本书研究范围。另外，液化气体按液化方式可分为低温液化气和压力液化气。前者包括LNG、液氢、液氮等，后者包括LPG、液氯、液氨等。低温液化气温度较低，储罐承压较低；压力液化气为常温，储罐承受较高压力。由于介质热力状态和实际使用条件不同，二者事故风险及事故形式存在一些差异，但在外部受热时所涉及的物理问题基本相同。需要说明的是，本书的研究内容对所有液化气体都适用。

已有研究表明，火灾是引起BLEVE事故的最常见原因，并且超过1/3的BLEVE事故由火灾引发。当液化气体储罐受到外部火焰热侵袭时，将导致罐内的液化气体升温升压和罐壁材料在高温下强度削弱，在二者共同作用下，容器可能发生破裂失效。容器的破裂失效可分为局部破裂失效和完全破裂失效两种。高压下的液化气体储罐在完全破裂时将导致危害性极大的BLEVE事故；而局部破裂的储罐将导致介质泄漏，若裂口继续扩展使容器完全破裂，也将导致BLEVE事故。以容器破裂失效时间为分界点，可将液化气储罐事故过程分为失效前和失效后两个阶段：失效前是容器及介质的热响应过程；失效后是BLEVE或泄漏的过程。热响应过程决定了容器内介质的能量大小及能量分布，影响事故的发生概率及后果的严重程度；失效过程则是液化气体爆沸与壳体破裂相互作用的复杂过程，决定了事故走向。本书针对液化气体的热响应过程和容器破裂导致BLEVE事故发生的过程进行研究。

本书首先介绍了4套试验台，包括立式容器加热试验台、可视卧式容器加热试验台、可视立式容器加热试验台、立式容器快速泄放试验台；其次，对立式容器加热、卧式容器加热、过热液体爆沸试验建立数学计算模型；最后，通过试验与理论分析，对试验过程进行深入分析，从而揭示热分层过程、过热液体爆沸过程的机理及影响因素。

本书由大连交通大学石剑云撰写，其研究成果得到了大连理工大学毕明树教授的悉心指导，任婧杰、曹兴岩、杨雪、刘鹏、叶志烜等同窗给予了许多无私的帮助，每每想起当年的学习情景，感激之情无以言表；同时，本书也参考了众多学者和专家的相关著作，在此一并表示感谢！

限于作者的水平和学识，书中不妥之处，敬请广大读者批评指正。作者将在液化气体热安全方面进一步深入开展研究。

石剑云

2021年6月

主要符号表

符号	代表含义	单位
英文字母		
H	高度,液位	m
z	高度坐标	m
R	半径,理想气体常数	m,J/(mol·K)
D	直径	m
Pr	普朗特数	—
Gr	格拉晓夫数	—
Ra	瑞利数	—
g	重力加速度	m/s^2
p	压力	Pa
N	功率	W
T	温度	℃
A	面积	m^2
V	体积	m^3
x	气相质量分数	—
Q	热量	J
q	热流密度	W/m^2

续表

符号	代表含义	单位
h	比焓	J/kg
j	质量流率	kg/(m^2 · s)
J	单位面积净传质速率	kg/(m^2 · s)
$\dot{m}$	单位体积净传质速率	kg/(m^2 · s)
u	速度	m/s
c_p	比定压热容	J/(kg · K)
a	热扩散系数	m^2/s
t	时间	s
F	压力升降比	—
k	压力升降速率	MPa/s
希腊字母		
ρ	密度	kg/m
β	时间松弛因子	s^{-1}
η	热分层度,压比	—
α	气相体积分数,热扩散率	—,m^2/s
τ	剪切应力,时间	Pa,s
δ	厚度	m
φ	充装率	—
λ	热导率	W/(m · K)
μ	动力黏度	Pa · s
σ	表面张力	N/m
上下标		
w	壁面	—

续表

符号	代表含义	单位
s	分层区	—
S	液面	—
out	出口	—
side	侧壁	—
top	顶部	—
b	气泡，自然环境	—
*	无量纲化	—
cr	临界	—
sat	饱和	—
e	汽化	—
l	液相	—
v	气相	—
con	冷凝	—
vap	蒸发	—
sat	饱和	
lv	液相到气相	—
vl	气相到液相	—
0	(压力)滞止状态	

目　　录

1 绪　　论

1.1 液化气体储罐的热响应研究现状

1.1.1 热响应试验研究

1) 液化气体储罐火灾试验

从 20 世纪 70 年代开始，美国、英国、加拿大等国家进行了大量的液化气体储罐火灾试验[1]。此类试验一般将充装液化气体的储罐置于野外空间进行火焰加热，观测和记录储罐及介质的升温升压过程、失效过程及爆炸后果。液化气体储罐的火灾试验比较接近实际事故，通过此类试验可以得到火灾条件下液化气体储罐热响应的宏观规律，为理论和数值模拟研究提供具有参考价值的基础数据。国内外一些液化气体储罐火灾试验情况见表 1-1。

表 1-1　液化气体储罐火灾试验

单位	研究者	时间	试验容器	介质	充装率/%	加热环境	测量参数
美国运输部联邦铁路局	汤森(Townsend)等[2]	1974	128 m^3 铁路罐车	LPG	96,84	JP-4 燃料；池火(24.4 m×9.1 m)	内、外壁温；介质温度；压力；火焰温度
英国职业安全健康局	穆迪(Moodie)等[3]	1988	10.25 m^3 卧式罐	丙烷	22～72	煤油燃料；池火(6.8 m×3.8 m)	内、外壁温；介质温度；边界层温度；压力；质量变化
加拿大女王大学，加拿大交通部	伯克(Birk)等[4-6]	1992—1994 和 2000—2004	325 L；400 L；1 890 L 卧式罐	丙烷	80	JP-4 燃料；池火、喷射火	壁温、介质温度；静、动态压力；质量变化；冲击波超压；抛射物

表 1-1(续)

单位	研究者	时间	试验容器	介质	充装率/%	加热环境	测量参数
德国联邦材料试验研究所	德罗斯特(Droste)等,和学恩(Schoen)等[7-9]	1988	4.85 m^3 卧式罐	丙烷	50	池火	气液相外壁温;压力;火焰温度
意大利比萨大学	兰杜奇亚(Landucci)等[10]	2009	3 m^3 卧式罐	丙烷	80	柴油燃料;池火	介质温度;壁温;压力
俄罗斯防火科学研究院	舍贝克(Shebeko)等[11]	2000	50 L 卧式罐	丙烷	80~85	柴油燃料;池火	介质温度;壁温;压力;质量变化
南京工业大学	邢志祥等[12-14]	2004	35.5 L 钢瓶	丙烷	30~85	柴油(池火);LPG(喷射火)	壁温;介质温度;压力

1974 年,在美国运输部联邦铁路局的资助下,Townsend 等完成了两组 128 m^3 的全尺寸液化气体铁路罐车火灾试验[2]。根据现有资料,该试验中所用的储罐及火场规模是此类试验中最大的。试验中,两组储罐分别采用了有绝热保护和无绝热保护条件,记录了加热过程中的储罐壁温、介质温度、压力、液位、安全阀开启等数据,对储罐爆炸后的碎片情况也做了记录。相对于无绝热保护条件,储罐在有绝热保护条件下的最高壁温和最高压力均降低,失效时间延长了近 3 倍,失效前通过安全阀释放了更多的介质。通过分析容器爆炸后的碎片,发现绝热保护大大降低了爆炸后果的严重程度。

1988 年,在英国职业安全健康局的资助下,Moodie 等完成了一系列 0.25~5 t 的液化气体储罐火灾试验[3]。其中,5 组 5 t 液化气体储罐的火灾试验分别采用了不同的充装率,试验测量了内外壁面、主体介质以及边界层多处的温度,并测量了内部压力、总质量、泄放口流量等参数。试验结果显示,在火焰加热条件下,储罐液相壁的温度在 45~140 ℃范围内变化,而气相壁的温度最高达到 650 ℃左右;内壁面附近热边界层的厚度很小;气相空间的热分层非常明显。

1992—1994 年和 2000—2004 年,加拿大女王大学的 Birk 等[4-6]在加拿大交通部的资助下,进行了一系列中型液化气体储罐的火灾试验,测量和记录了火焰加热条件下液化气体储罐的壁温分布、内部介质的温度分布、裂口尺寸、抛射物分布、外场空间的冲击波超压等参数。Birk 在试验中发现，液化气体在受热时通常会形成上高下低的温度梯度（热分层），通过比较有热分层和无热分层条件下的 BLEVE 后果，发现热分层可以降低液化气体储罐发生 BLEVE 的风险。Birk 等[5,15-17]和皮埃罗拉齐奥（Pierorazio）等[18]认为，以下几种因素会影响热分层：液体的热物性和传输特性；液化气体储罐的尺寸和结构；热流的分布和热流强度（局部受热还是完全受热）；安全泄放阀的开启方式（循环开启、持续开启）。另外，Birk 等[19]还进行了不同位置、不同面积的保温层破坏条件下的储罐热响应试验，结果显示储罐的加热面积决定了裂口的尺寸。

Birk[20-21]分析了液化气体储罐火灾试验的尺度对试验结果的影响，认为小尺度火灾试验是一种经济有效的研究方法，但一定要考虑试验与实际储罐和火灾环境的尺度差异，并提出了设计小尺寸试验时需要考虑的因素。

液化气体储罐的火灾试验常用的加热方式包括：池火加热和喷射火加热。池火加热一般是在试验储罐下方布置容纳燃料的液池，液池内的燃料燃烧形成全包围或部分包围的池火。喷射火加热一般是在容器周围布置火焰喷射器，可对容器的各个方向进行定点加热。池火与实际的火灾条件比较接近，但大多数研究者[2-4]认为，池火的加热热流在风的作用下很不稳定，导致试验结果重复性差。Birk 等[5]为了减小风对火焰加热热流的影响，布置了较为密集的火炬阵列对容器进行喷射火加热，但风仍对火焰加热热流造成一定的干扰。根据 Birk 等的试验[5-6]，火焰的对流传热强度除了受风的影响以外，很大程度上还受到火场尺度、储罐壁保温条件的影响。由于液化气体储罐的火灾试验涉及危险物质的燃烧、爆炸，试验过程中较高的危险性使得研究者只能进行远距离图像采集，无法对热响应过程进行细微观测；同时，试验过程中的火焰高温、爆炸等因素还使得试验参数的准确采集非常困难。例如，Birk 曾经设法监测容器破裂导致的瞬态压力响应，但由于此过程太过剧烈而无法获得有效的数据[4]。

2）液化气体储罐热响应模拟试验

鉴于液化气体储罐火灾试验投资较大，且试验的可控性与观测性相对较差，因而许多研究者采用了液化气体储罐热响应模拟试验的方法。热响应模拟试验一般采用模型储罐作为试验容器，多选用电加热等易控制的加热方式。此类试验具有试验条件易控制、观测性较好等优点，可对液化气体储罐热响应过程中的某些关键问题进行针对性研究。表 1-2 列出了一些研究者完成的热响应模拟试验。

表 1-2 热响应模拟试验

单位	研究者	试验容器	介质	加热环境	控制参数	测量参数	可视
加拿大新不伦瑞克大学	维纳特(Venart)等[22]	37.4 L 卧式圆筒容器	R11	电加热 0～80 kW/m^2	液位、加热功率、加热热流分布、泄放阀尺寸	多点介质温度、内部压力	玻璃视窗
上海交通大学	弓燕舞等[23-26]	60 L 立式圆筒容器	LPG	电加热 0～5 kW/m^2	加热热流、液位	介质多点温度、压力	内窥镜
马丁公司	贝利(Bailey)等[27]	1.98 m^3 立式圆筒容器	液氢	电加热 16～106 kW	加热热流、初始压力、容器晃动频率	多点介质温度、内部压力	否
洛克希德公司	塔托姆(Tatom)等[28]	1.89 m^3 立式圆筒容器	液氮	环境漏热	自升压、外部加压力模式	多点介质温度、内部压力	否
印度科学研究所	达斯(Das)等[29]	方形容器	水	电加热 0～1 kW/m^2	加热热流、液位	温度、流线	玻璃侧壁(视窗)
上海交通大学	杨磊[30]	175 L 立式圆筒容器	液氮	环境漏热	保温材料层数	压力、介质温度、壁温、蒸发流量	否

为了模拟卧式液化气体储罐在火灾条件下的热响应过程，加拿大新不伦瑞克大学的 Venart 等[22]设计了一个 37.4 L 的带泄放阀的小型卧式圆筒容器，以 R11 为介质，试验时改变液位、加热热流分布、泄放阀口径及朝向等条件，采集了温度、压力、质量变化等参数。容器端部安装有可视玻璃窗，可对内部流体的流动及相变过程进行实时观察。通过在该装置上进行的一系列试验，分析了介质热分层的产生和消除过程以及泄放阀开启后介质中的气泡率的变化情况。

由于卧式容器高度低，而且其几何形状的特点导致了边界层浮升流的流态较复杂，不容易发现各因素对热分层的影响规律。2002 年，上海交通大学的弓燕舞等[23-26]设计了一个 60 L 立式圆筒容器，对 LPG 受热时的热分层进行了试验研究。容器外部覆盖着电加热片，加热区域固定为全侧壁，加热功率可调。试验中内部介质的热分层现象比较明显，分层区由上至下的发展速度是逐渐减慢的，且分层区的发展只与此时的下部液位有关。通过对比液化气体在不同分层度下的泄放试验还发现，较高的介质热分层程度导致较小的压力反弹。

为了更好地观测热分层过程中的流场变化情况，印度科学研究所的 Das 等[29]设计了一个两面侧壁为玻璃视窗的方形容器，以水为介质进行了可视化热响应试验。该试验的可视化效果较好，观测到了贴近侧壁面的边界流和上层液体中出现的涡流，并以此解释了试验中上层液体温度均匀以及下层液体热分层明显的现象。由于该研究主要关注液体自然对流形成热分层的过程，忽略了蒸发和沸腾在热分层中的作用，试验只进行了水在无沸腾条件下的加热情况。

2008 年，上海交通大学的杨磊[30]进行了低温液氮容器绝热夹层的真空丧失试验。该试验采用 175 L 容纳液氮的高真空绝热容器，通过不同的绝热结构得到了不同的漏热量，采集了壁面及夹层温度分布、气液温度、压力等一系列数据。低温容器绝热夹层内的真空丧失后，绝大部分液体在升压过程中处于过冷态，过冷液体在垂直方向上出现了明显的热分层。试验结果显示，热流密度对液体内部的温度梯度影响很大，较强的热流密度可使液相形成较大的温度梯度。当安全阀开启时，下层过冷液体与上层饱和液体间的温差迅速减小；当下层液体接近饱和时，其温度发生突跃，迅速上升至饱和温度。

Pierorazio 等[18]通过一个立式容器测试了安全阀的设计参数对热分层的影响。该试验以水为介质，容器上、下封头分别连接过热蒸汽管路，通过输入过热蒸汽来模拟对介质的上、下加热。安全阀装在容器顶部，其动作参数由计算机控制。试验结果显示，安全阀的开启使得上层较热的液体沸腾，从而促进了上层热液体与下层冷液体的混合，使热分层度减小。通过对比不同安全阀动作参数下的试验结果发现，安全阀的排量越大、循环开启间隔越长，热分层就越容易维持。

1.1.2 热响应数值模拟研究

在试验研究基础上，一些用于模拟液化气体储罐在火灾环境下热响应的计算模型被相继开发出来，这些模型可以模拟储罐升温、升压、泄放直至失效的过程，对于液化气体储罐的事故预测具有一定的指导意义。其中，许多计算模型采用了区域模拟的方法，其思路是将容器内部空间划分为不同的区域，各区域内的热力状态均匀或呈某种形态分布，在每个区域内分别运用质量守恒、能量守恒和动量守恒的原理，用数学分析方法来描述传热传质过程，区域划分的合理性和精细化程度决定了模拟结果的精确度。

1985—1987年，英国原子能管理局的拉姆斯基尔(Ramskill)与英国职业安全健康局合作，相继开发出了ENGULF-Ⅰ和ENGULF-Ⅱ计算程序[31]。其中，ENGULF-Ⅰ只针对液化气体储罐被火焰全包围受热的情况，在此之基础上改进的ENGULF-Ⅱ能够模拟卧式圆筒形液化气体储罐被火焰全包围或局部加热时的温度和压力响应。模型中将容器及介质划分为受热气相壁、受热液相壁、不受热气相壁、不受热液相壁、气相介质、液相介质6个区域，各个区域的大小用"液位角"参数来表示，各区域内部温度均匀。1988年，英国壳牌研究有限公司的贝农(Beynon)等[32]研发了HEAT-UP模型，该模型针对的是长度与直径比值很大的卧式液化气罐被火焰全包围加热的情况。对模型做了如下假定：加热热流沿储罐轴线恒定，只随储罐高度变化；液相和气相的温度均匀。通过计算结果与火灾热侵袭试验结果的对比发现，该模型可以较好地预测各个区域的平均温度、压力变化、泄放阀的动作及排量。

储罐内部液体的温度在通常情况下是不均匀的，而容器内部压力由液面温度决定，忽略液体温度的不均匀分布不能很好地对气相压力进行预测。加拿大女王大学的Birk[33]开发的罐车受热计算模型(TCTCM)将储罐内的介质分为气相区、液体边界区(包括壁面边界层和液面)和液体核心区，假定气相区和液体边界区均为饱和态，而液体核心区初始为过冷态。当容器开始泄压后，安全阀排出的能量全部来自气相区和液体边界区，使得液体核心区的温度逐渐追上气相区和液体边界区。模型中需要设定边界区厚度、饱和区和过冷区之间的输入能量比例两个经验参数，这些参数由一组火灾试验结果确定，在程序中是固定不变的。利用该模型可以对热防护措施(如隔热层、热辐射屏蔽设施、泄压阀、新式内部保护装置等)的效果进行定量分析，有助于对受热防护装置进行优化设计。2005年，Birk[34]将该程序升级为保温缺陷分析程序(IDA2.1)，可用于评价铁路罐车保温层的局部损坏对储罐热响应的影响。该程序的模拟结果与文献[2]和文献[6]的试验结果吻合较好。

为更准确地描述液相的热分层，加拿大新不伦瑞克大学的艾代米尔(Aydemir)等[35]开发的PLGS-1与PLGS-2计算程序对内部介质进行了较为细致的分区。根据小型可视化试验结果，该模型将受热后的液相区划分成过冷液体区、靠近储罐壁面的边界层区、连接气相与过冷液体的分层区以及液体底部的不稳定区，如图1-1所示。该模型计算出的温度、压力结果与火灾试验结果能够较好地吻合。另外，北京科技大学的俞昌铭等[36]与加拿大新不伦瑞克大学火焰科学中心合作研究，在PLGS-2基础上开发了PLGS-3、PLGS-4与PLGS-5。针对球罐和卧式罐，俞昌铭等[37]曾经运用积分法分析了自然对流边界层的发展，从而预测出边界层的厚度、速度及热分层区的发展速度。

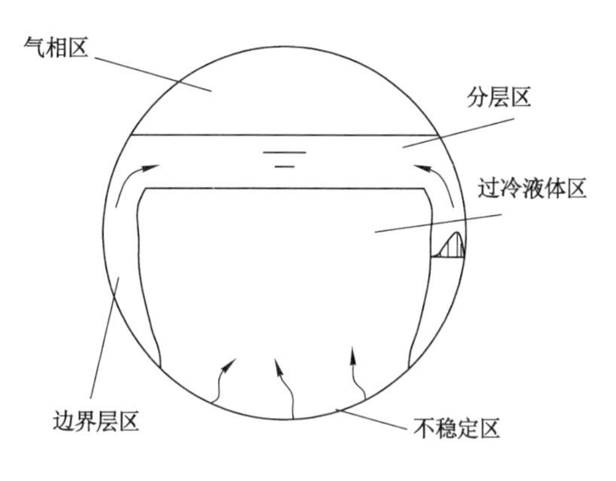

图 1-1 分区模型[35]

基于图 1-1 所示的物理模型，武汉理工大学的李格生、郭蕴华等[38-39]开发了 PLGS99 软件，改进与扩展了原有模型及软件界面。南京工业大学的葛秀坤等[40]也基于同样的物理模型开发了 LPGTRS 软件，在计算模型中建立了描述火灾环境下液化气储罐热响应的偏微分方程和相应的定解条件，采用有限差分的数值方法进行求解，对于容器内介质采用集总参数法，得到了液相区和气相区的温度、密度和质量的变化规律。

美国马里兰大学的丹瑟(Dancer)与德国慕尼黑工业大学的萨莱(Sallet)合作研发的 TAC7 模型[41]对壁面和介质进行了节点划分，计算结果可以反映介质的热分层现象。通过分析模拟结果，笔者对热响应的模拟提出了一些建议：由于过小的气相体积会使液相热分层增大，并增强了气液间的传质作用和热膨胀的增压作用，气相体积差距很大的试验或模拟结果在互相推广时一定要考虑其有效性；容器尺度对热响应有重要影响，容器直径增大会使热分层更明显；气相壁的辐射虽然对整体液相区的传热影响不大，但会严重影响液面的升温及气相升压。

以上的热响应模型都针对卧式储罐或球形储罐，还有一些模型可用于预测立式储罐内部液化气体的热分层过程。1993 年，迈阿密大学的古尔苏(Gursu)等[42-43]针对立式液氢储罐内部介质的气化升压提出了热分层模型，模型中将液体区分为边界层区、分层区和液体核心区，通过对边界层的能量和动量方程进行积分，得出了液化气自然对流边界层的厚度与速度表达式，从而建立了热分层模型。2002 年，上海交通大学的弓燕舞等[23-26]采用了与 Gursu 等[42-43]类似的计算方法，针对边界层为层流、紊流的情况建立了热分层模型，并通过试验证明了热分层模型的合理性。

随着对液化气体热响应的研究逐渐深入，研究者开始尝试场模拟方法。场模拟一般将研究对象离散为许多控制体,在控制体中通过数值求解控制方程组,从而得到内部介质的温度分布、流动特性等。区域模拟和场模拟都可以实现对储罐热响应过程的计算,它们各有优劣。区域模拟的计算效率要比场模拟高很多,实用性更强[36,44],但区域模拟一般要建立简化模型,不能精确模拟对象内部的温度场、流场、应力场等。场模拟可对热响应过程进行微观分析,从而发现一些传统试验研究中较难发现的规律,但由于热响应中涉及湍流、相变等复杂过程,要实现模拟结果与实际情况定量吻合比较困难。场模拟可以通过自编计算代码或使用商用CFD软件来实现。

加拿大国家火灾实验室与加拿大新不伦瑞克大学合作,将场模型和区域模型相结合模拟了火焰侵袭条件下LPG储罐的热响应[45]。该模型对罐体外部热源及液面热辐射采用区域模拟求解,对罐体热传导及气液对流采用场模拟求解,得到了罐内介质的温度分布及流线图,分析了罐体直径对安全阀开启时间、液相区热分层、壁温分布的影响规律。2004年,加拿大女王大学的尹(Yoon)等[46]采用Fluent软件模拟了保温层局部破坏的LPG储罐在火灾条件下的热响应过程,结果表明:卧式储罐封头处或顶部受热时液面的升温速率最高,储罐底部受热时液面的升温速率最低;加热面积越大,液面温度越高。2004年,南京工业大学的邢志祥等[12,47]借助Fluent软件对外部火灾环境下液化石油气储罐的热响应进行了数值模拟研究,分析了火焰类型、储罐类型、充装率及热流密度对储罐热响应的影响。2007年,郑州大学的弋明涛[48]使用Fluent软件模拟了池火灾和喷射火灾共同作用下液化石油气储罐的热响应。2009年,大连理工大学的车威[49]对LPG储罐在火灾条件下的热响应过程进行了三维数值模拟。在此基础上,毕明树等[50]对计算模型进行了改进,重点分析了不同火灾形式(池火、喷射火)、火焰侵袭角度、火焰温度等因素对储罐热响应的影响。赵博[51]在液化气储罐热响应数值模拟中引入了非平衡热力学理论,用唯象系数分析了储罐内部热响应的强度。

液化气体储罐的热响应会引起储罐壁的力学响应,从而引起材料失效。南京工业大学的巩建鸣等[52]用有限元软件Ansys对液化气体球罐在火灾环境下的瞬态热响应进行了模拟,分析了气相罐壁在高温作用下的强度削弱。加拿大女王大学的马努(Manu)等[53]使用ABAQUS软件预测了液化气体储罐在全包围和局部火灾条件下容器材料的失效,分析了不同的外部火焰加热条件对壳体内部应力再分布的影响。意大利比萨大学的兰杜奇(Landucci)等[54]使用Ansys软件,基于有限元的方法建立了火灾中液化气体储罐的热响应及力学响应模型,结果显示气相壁和液相壁之间巨大的温差导致气液界面处的壳体应力最大。

对于低温液化气体储罐来说,外部漏热会使内部液体产生热分层,从而影响储罐的运行安全。对于压力液化气体储罐的火灾热侵袭和低温液化气体储罐的漏热两种受热条件所导致的热分层，其发生机理是一致的，研究方法和研究结论可以相互借鉴。美国航空航天局(NASA)的C. S. Lin等[55]对圆柱形低温液化气体容器侧壁受热时的热响应进行了数值模拟研究，模型中忽略了蒸气的传热传质，通过有限差分法求解控制方程，得到了介质内部流态和温度分布，研究了瑞利数、普朗特数、高宽比、热流分布等参数对流体流态及温度分布的影响。浙江大学的章潭云等[56]对液氢热分层进行了数值模拟研究，数值计算中用到了涡量流方程，对液面温度与热流密度、液位、时间进行了关联分析。2006年，印度马德拉斯技术学院的库拉纳(Khurana)[57]研究了液氢储罐内壁设置肋板障碍物对热分层的影响，结果显示：内壁上的肋板使得热分层度大大降低，延长了边界层形成的时间；肋板间距对分层度影响不大。2007年，库马尔(Kumar)等[58]对侧壁受热的封闭方腔内的液氢热响应进行了数值模拟，模拟中考虑了液面蒸发对热分层的影响，结果显示：液相分层度会随容器的高宽比增大而增大，但考虑表面蒸发会降低高宽比对分层度的影响。2013年，印度化工技术研究所的甘地(Gandhi)等[59]结合数值模拟和PIV(粒子图像速率)可视试验得到的流场和温度场，发现储罐内壁上合适的障碍物尺寸、数量和位置设置可减小热分层。

液化气体的热分层形成后，在一定条件下还可以消除。2008年，上海交通大学的杨磊[30]使用双流体模型模拟了低温容器漏热导致的热分层形成及消除过程，通过模拟发现安全阀开启后液体上层的环流区域不断扩大，热锋面不断向容器底部推进，温度梯度逐渐消除。2013年，大连理工大学的任婧杰等[60]使用数值模拟方法研究了安全阀不开启条件下液体内部的热分层消除过程，在热分层消除阶段，液面附近生成了“循环涡”，“循环涡”不断向下扩展使得热分层逐渐消除。

综上所述，针对液化气体储罐在外部受热条件下的热响应已经开展了较多的试验和数值模拟研究，研究者普遍认识到液化气体的热分层在事故发展中起着重要作用。当前人们对热分层的形成过程已有了一定认识，但还有待进行更加深入和系统的研究，如热分层的影响因素及影响机理、热分层的消除机理等。已有研究表明，在小型容器上进行的模拟热响应试验是很有效的研究手段。通过此类试验人们可以对加热条件、介质条件等进行精确的控制，并且可以实现对温度场的精细化测量和对流场的可视化观测，从而有助于对热分层的机理研究。

1.2 液化气体 BLEVE 研究现状

1.2.1 BLEVE 理论研究

1979 年，麻省理工学院的里德(Reid)[61]最早提出了过热极限理论，用来解释 BLEVE 现象。过热极限温度是指相应压力下液体不发生核化所能达到的最高温度。该理论认为，在压力液化气体容器破裂前，其内部的气、液介质处于平衡状态，容器破裂导致的突然降压会使液相过热，当液相的温度达到过热极限温度时，会发生均匀核化沸腾，从而形成强烈的压力反弹，导致 BLEVE 发生。过热极限理论可由图 1-2 描述。由图可知，由于压力液化气体储罐破裂后介质压力最终降到环境大气压，实际中主要参考大气压下的过热极限温度(T_{SL})。当压力液化气体泄压前的压力及温度状态处于图中的 A 点时，若快速降压后其状态沿线段 AB 到达 B 点，液体会剧烈沸腾但不会发生均匀沸腾，也就不会发生 BLEVE；当液体泄压前的压力及温度对应图中的 C 点时，若快速降压到 D 点，过热液体会发生均匀沸腾，从而导致 BLEVE 发生。该理论认为，BLEVE 发生的前提是介质温度必须要达到过热极限温度。

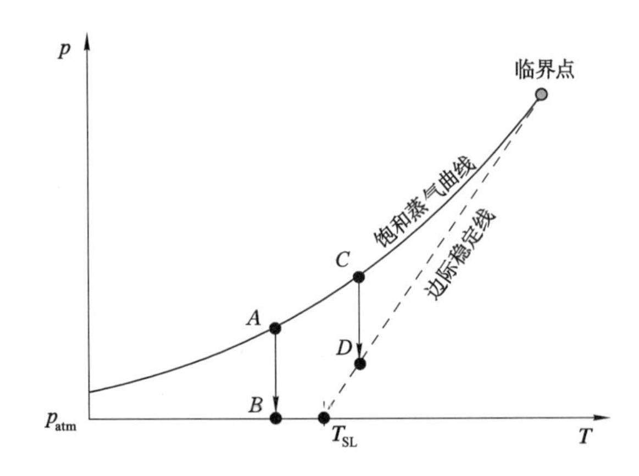

图 1-2　蒸气压和过热极限曲线图[61]

Reid 的过热极限理论适用于液体均相核化沸腾导致 BLEVE 的情况，而均相核化沸腾在实际储罐中很难出现。绝大多数 BLEVE 试验显示，液化气体突然泄压后的沸腾过程是非均匀核化沸腾。大多数研究者认为，过热液体在低于过热极限温度时也能发生 BLEVE 事故，因而判断 BLEVE 事故不必严格按照过热极限判据，主要看过热液体是否发生了爆炸性释放。也就是说，即使是低温液化储存的液化气体(如 LNG),也可能发生 BLEVE 事故[62-63]。虽然过热极限温度不是 BLEVE 事故发生的必要条件,但大多数研究者都认同容器内液体达到其过热极限温度时可以引发最强烈的 BLEVE 事故[64-65],过热极限温度可用于判断 BLEVE 事故发生的强度。

过热极限温度是造成 BLEVE 事故后果严重程度的一个重要判据,也可作为液化气体储罐安全设计的依据,过热极限温度的确定可以通过试验测定和理论计算两种方法获得[66]:试验测定主要采用液滴爆沸法;液体的过热极限温度理论计算大多基于吉布斯(Gibbs)的均匀核化理论。重庆大学的曾丹苓等[67-68]在统计热力学涨落理论基础上,提出了关于液体极限过热度的假说和定义,并推导出相应的表达式。

对于低于过热极限温度时发生的 BLEVE 事故,一些研究者试图从液体爆沸与壳体破坏相互作用的角度来解释[69]。1993 年,文哈特(Venart)等[70-71]提出沸腾液体压缩气泡爆炸(boiling liquid compressed bubble explosion,BLCBE)的假说,认为 BLCBE 是液化气体中的气泡“生成—长大—坍塌”与容器的破坏相互关联的过程。

此过程具体表述如下:容器出现部分破裂失效;含有气泡核的过热液体快速泄放;液体中的气泡迅速成长,形成膨胀两相流;容器压力反弹至接近初始压力;相应气泡坍塌形成增强的液体锤;巨大的压力波使容器完全破裂;液滴呈雾状爆炸性释放并蒸发;若介质为可燃气体则被点燃形成火球。拉米耶(Ramier)等[72]做了一些小型试验来证实 BLCBE 假说。此系列试验使用容积约 3 L 的带玻璃视窗的铝质容器,以 R22 为介质,观测了介质快速泄放时的压力波动及液体汽化现象。试验结果显示,当容器快速开口泄压时,急剧膨胀的两相流对容器顶部的冲击产生了很强的压力反弹,这可能是导致容器完全破裂从而引发 BLEVE 的重要原因。与 Venart 提出的“分阶段 BLEVE”机理类似,Birk[73-74]定义了“快速 BLEVE”和“两步 BLEVE”,并通过分析一系列火灾试验中的储罐裂口扩展,认为当火焰的高温作用使得容器的强度被严重削弱时,气相压力可使裂口迅速完全扩展,引发 BLEVE 事故;当容器只是局部削弱时,初始的小裂口会暂停扩展,若爆沸导致的压力反弹能使裂口继续扩展,则可能引发容器完全破裂和 BLEVE 事故。

1.2.2 BLEVE 失效过程研究

美国运输部[2]、英国职业安全健康局[3]、加拿大交通部[4-6]、德国联邦材料试验研究所[12-14]等国外机构都进行过液化气体储罐在火灾条件下的 BLEVE 失效试验。其中,加拿大女王大学的 Birk 在加拿大交通部支持下,其试验研究最为系统和深入。Birk 进行了一系列中型火灾试验研究 BLEVE[4-5],试验中将容积为 325 L、400 L、1 890 L 的丙烷储罐暴露于不同火焰形式下使其失效。基于大量试验数据，分析了诸多影响 BLEVE 后果的因素，绘制了 BLEVE 分布图和容器失效图[4,75-76]。利用 BLEVE 分布图可根据液体能量和罐体强度来判断 BLEVE 是否会发生；利用“容器失效图”可根据火焰侵袭过程和失效时的容器条件判断可能的后果严重程度。根据大量试验数据，分析了液化气体储罐发生 BLEVE 导致的热辐射、冲击波、抛射物几种事故后果的危害程度，综合多尺度下的事故数据，对消防救援人员提出了安全建议[75]。

液化气体在受热时通常会形成热分层。Birk[4,15]比较了液化气体在有热分层和无热分层条件下发生 BLEVE 所导致的火球、冲击波、抛射物等后果，通过分析认为：较少的液体能量降低了火球、冲击波、抛射物的破坏作用，但增加了地面火灾的危险性；有热分层的液体突然泄压时获得的过热度较小，从而减弱了液体的爆沸和压力的反弹；在同样的储罐压力下，有热分层的液体具有较小的能量，从而降低了 BLEVE 的发生概率。

由于热分层可降低 BLEVE 的发生概率，维持热分层是有利于储罐安全的。Birk[77-78]提出了一种阻止液化气体储罐 BLEVE 事故的内部自冷却装置。该设计将储罐隔离成一个核心区域和一个环面区域。环面区域的液体由于对流传热作用升温较快并泄压，同时安全阀的降压作用使环面区域的液体发生沸腾及体积膨胀，从而使高温气相壁得到内部介质冷却，以达到降低液化气体储罐发生 BLEVE 风险的作用。

除了大中型的液化气体储罐火灾试验，还有一些科研人员进行过小型液化气体储罐的 BLEVE 试验。研究者一般采用加热或机械破坏方式使试验容器失效，从而对 BLEVE 的发生过程及后果进行研究。小型试验虽不及大中型试验所研究的问题全面，但在某些方面也可以获得一些重要结论。

南京工业大学的邢志祥[12]使用 15 kg 液化气体钢瓶进行了一系列火灾爆炸试验，通过对储罐进行失效分析，发现储罐在失效前产生了较大的塑性变形，壁厚减薄最严重的部位最先发生开裂。波兰罗兹技术大学的斯塔克(Stawczyk)[79]使用 5 kg、11 kg 两种标准液化气体钢瓶进行了 BLEVE 试验，介质被加热到临界温度以上时使容器超压爆炸，容器破裂过程中记录到了容器开口泄压后出现的较高压力反弹和远场空间的冲击波。加拿大新不伦瑞克大学的里克桑本(Rirksomboon)[80]用1 L、5 L 的液化气体容器进行了火焰加热条件下的 BLEVE 试验，试验中选用了 4 种液化气体和 6 种液体作为介质。试验结果显示，不同介质的试验后果类似，失效后果主要由压力决定，泄放阀的开启压力和泄放口尺寸对事故后果影响较大。加拿大新不伦瑞克大学的拉特利奇(Rutledge)[69]用充装压缩气体、压力液化气体等介质的 350 mL 的小型容器进行了200多组失效试验,介质加热到一定温度后采用机械或加热方式使容器破裂,容器的最终失效形式有局部开孔破裂、容器完全破裂、容器破裂成碎片飞出几种,介质温度在远低于过热极限温度时仍可导致BLEVE事故的发生,容器完全破裂时产生的超压是流体与失效壳体耦合作用的结果。麦克德维特(McDevitt)等[81]用1 L左右的小型容器充装R11、R12等液化气体,将介质加热到一定温度后用子弹击破容器从而引发BLEVE。试验记录了压力突降及超过初始压力的压力反弹,表明在低于和高于过热极限温度时容器都可以发生BLEVE。

1.2.3 液化气体快速降压研究

1) 液化气体快速降压试验

液化气体储罐失效试验中的试验参数不易控制,结果的重复性较差。许多研究者进行了容器非破坏条件下的液化气体快速降压试验。此类试验一般在容器上设置泄放口,泄放口用爆破片等薄弱材料密封,监测泄放口开启后的液体爆沸过程以及此过程中的瞬态压力响应。此类试验容易控制、重复性好、易于精细观测及参数测量。

对于充装压力液化气体的储罐,其气相壁开口后的典型压力响应曲线如图1-3所示[82]。介质的泄放过程可分为以下几个阶段:容器气相壁开口后,蒸气首先泄放,容器内部压力降低,液体过热沸腾形成膨胀的两相流;两相流的快速膨胀使得容器内部压力反弹,泄放出的介质由蒸气夹带液滴转变为完全混合的两相流泄放;过热液体的大量泄出使得液面下降到泄放口以下,过热液体在容器内发生相变,泄放出的介质又变为纯蒸气。

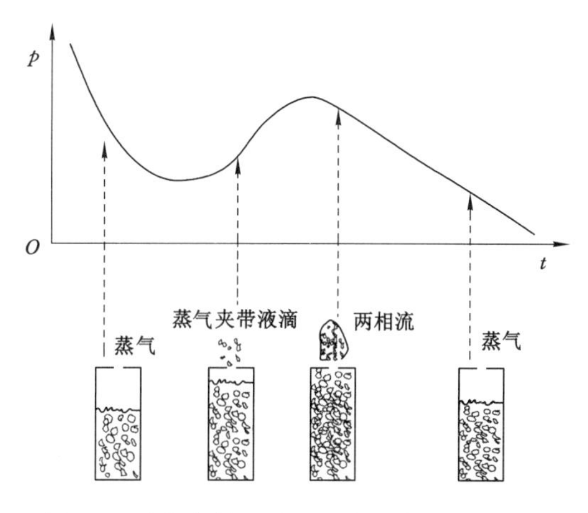

图1-3 液化气体泄放过程中的典型压力曲线

为了验证 Reid 的过热极限理论，基姆(Kim-E)[83]设计了一个 7 L 的高强度容器，容器泄放口覆以爆破片，当内部的液态 CO_2 介质达到过热极限温度后，气体将爆破片从内部顶破，使介质突然泄放。该试验并未出现预想的均匀核化沸腾和超过初始压力的压力反弹。McDevitt 等[81]在带玻璃视窗的冲击管中进行了制冷剂的泄放试验，通过高速相机和多点压力传感器的记录结果，认为裂口附近的液体发生了均匀沸腾，产生的压力波强度由裂口附近参与初始爆沸的液体量决定。

巴塔克(Bartak)[84]用高温水为介质，进行了多组泄压试验，以模拟压水反应堆冷却水泄漏事故。该试验用爆破片破裂来模拟实际事故中的容器失效，对泄放管多个位置的瞬态压力进行了测量。结果表明，初始温度和压降速率是影响降压量的两个最重要的参数。当介质以大于 240 ℃的初始温度泄放时，压力产生很大的突降，以至于低于液体温度对应的饱和压力，这时需要考虑热力学非平衡性的影响。巴塔克采用均匀核化沸腾理论并引入适当的调节系数来描述汽泡生成，建立了一个数学模型对爆沸过程进行模拟，并分析了压力和两相流中体积分数的演化过程。

1990 年，日本学者花岡隆(Hanaoka)等[85]使用内径 50 mm、高度 400 mm 的小型容器，用内径 25 mm 的电磁阀控制泄放，对 R113、R11 进行了快速泄放试验，监测并分析了快速泄放过程中的爆沸现象及压力反弹。试验结果显示，在大泄放口径和高初始温度泄放条件下，压力突降后会出现一个明显的压力反弹峰值；在小泄放口径和低初始温度泄放条件下，压力反弹不明显。

2011 年，比耶克特维特(Bjerketvedt)[86]在一个透明塑料管中用液态 CO_2 进行了高于过热极限温度时的 BLEVE 试验，对 BLEVE 全过程进行了压力测量和高速摄像记录。容器破裂后，压力由 3.4 MPa 突降到 2 MPa 后小幅波动一段时间，之后压力下降到环境压力，结合高速摄像记录，得出泄压后液态 CO_2 的爆沸主要为异相核化。试验结果显示，容器破裂后产生的冲击波由气相泄放产生，这与 Birk 等[87]所进行的中型储罐试验结果是一致的。

2011 年，东北石油大学的王庆慧[88]以水为介质进行了电磁阀控制的小型泄放试验，对 BLEVE 过程中爆沸的滞后时间进行了分析。

另外，还有一些研究者，如希尔(Hill)等[89]、哈恩(Hahne)等[90]、赖因克(Reinke)等[91]，在垂直玻璃管中进行过液化气体的突然泄压试验。玻璃管中的液化气体突然泄压时，爆沸从液面发起，以“蒸发波”的形式垂直向下传递。为研究金属壁面的核化条件对爆沸的影响，Hahne 等[90]在液体中插入金属棒，发现蒸发波沿金属棒的传播速度远快于在液体中的传播速度。Barbone[64]和弗罗斯特(Frost)等[92]在试验中同时观测到蒸发波和壁面核化沸腾两种沸腾模式：当壁面很光滑且液体的温度较低时,壁面核化沸腾受到抑制,沸腾模式为蒸发波;当壁面较粗糙且液体的温度较高时,沸腾模式为从固液壁面发起的核化沸腾。

大量试验研究表明,液化气体的压力突降导致液相爆沸,从而引起压力的迅速反弹。在对过热液体的爆沸及压力响应过程有所认识后,研究者开始关注压力响应的影响因素及影响机理。因为压力反弹的强度是影响压力容器安全的重要指标,研究者们期望发现在什么条件下会产生最强的压力反弹,从而得到压力容器在事故中的安全判据。

表 1-3 列出了一些研究者所进行的快速降压试验,试验中一般对初始压力、充装率、泄放口径等参数进行调整。Barbone[64]的试验采用的参数条件最全面,试验结果显示:容器内未出现超过初始压力的压力反弹;泄放面积影响降压速率与降压值,从而影响过热度,更大的泄放面积导致更大的压力反弹值与压力反弹速率;提高液体充装率会导致更强的压力反弹;压力反弹的相对能力是随初始压力的升高而减弱的;液体泄压后的沸腾模式主要由液体达到的过热度及器壁表面特征决定;液化气体在过热极限温度附近泄压时可产生最剧烈的爆沸。与其他研究者相比,Barbone 在试验中所用容器的尺度是最小的。陈思凝等[93-95]的试验显示,容器开口泄压后会出现两个压力峰,认为第一个压力峰是两相流压缩气相区和液相区所致,第二个压力峰是两相流冲击容器顶部所致。陈思凝还采用了带玻璃视窗的长方体容器进行了 BLEVE 模拟试验,用高速摄像机记录了液体爆沸及泄放的微观动力过程。与其他研究者不同的是,弓燕舞[23]、林文胜等[96]的试验采用了外部电加热,将介质加热至不同的热分层度进行快速降压,首次研究了介质的热分层对爆沸的影响。结果显示,介质的热分层会使压力反弹程度降低。由于试验中采用了快速开启阀门进行泄放的方式,所以其降压速度受到一定限制。

表 1-3 快速降压试验条件

研究者	容器	介质	可控参数	参数控制	测量方式
Barbone[64]	① 260 mL,带玻璃视窗容器; ② 75 mL,玻璃管; ③ 50 mL,玻璃球形容器	R22	初始压力:0.8～3.6 MPa; 充装率:24%～90% 泄放面积比:0.01～0.19 内壁面核化条件:玻璃、聚四氟、钢	夹套换热;机械刺破顶部封口	容器侧壁压力;玻璃视窗摄像观测

表 1-3(续)

研究者	容器	介质	可控参数	参数控制	测量方式
Ramier[72]	3 L,圆筒,带玻璃视窗	R22	初始压力:0.9 MPa、1.4 MPa; 充装率:0~95%; 泄放面积比:0.014、0.028	内部电加热;机械刺破顶部封口	容器顶部、底部、侧壁压力;玻璃视窗摄像观测
陈思凝等[93-95]	① 40 L,全钢圆筒容器; ② 22 L,方形,带玻璃视窗	水	初始压力:0.2~0.36 MPa; 充装率:50%~90%; 泄放面积比:0.056~0.120	内部电加热;机械刺破顶部封口	顶部、侧壁压力;高速摄像
弓燕舞[23]和林文胜等[96]	60 L,全钢圆筒	LPG	初始压力:0.7~3.09 MPa; 充装率:25%~85%; 泄放面积比:0.000 63~0.005 60	水浴加热,外部电加热;球阀启闭	泄放管路全、静压;容器内部探头摄像
吉卫军[97]	24 L,全钢圆筒	水	初始压力:0.2~1.0 MPa; 充装率:25%~83%; 泄放面积比:0.05~0.24	内部电加热;双层爆破片控制开口	侧壁压力

注:泄放面积比=泄放口面积/液面面积。

虽然关于液化气体快速降压过程的试验研究很多,但不同研究者所采用的试验条件存在较大差异,各自得到的试验规律也不尽相同,即使对于泄压导致的压力反弹能否超过初始压力这一问题也无定论。弓燕舞[23]和陈思凝等[93-95]的试验显示压力反弹值远远超过初始压力值,而 Barbone[64]、Ramier[72]、吉卫军[97]等的试验则显示压力反弹值不会超过初始压力值或仅能接近初始压力值。另外,陈思凝等[93-95]的试验显示压力反弹比随着泄放初始压力升高而增大,而 Barbone[64]的试验则正好相反,显示压力反弹比是随初始压力的升高而降低的。这些试验结论的差异说明快速降压过程中的影响因素很多,试验条件不同将导致其结论的推广存在困难,其试验研究和理论研究都有必要进一步深入开展。

2) 液化气体泄放过程的数值模拟研究

由于 BLEVE 为瞬态的非平衡相变过程,涉及复杂的相间传热传质和两相流动问题,单纯的试验研究不足以全面认识 BLEVE 机理。在试验基础上,一些研究者对液化气体的快速泄放及爆沸过程进行了数值模拟研究。通过模拟结果与试验结果的对比,可检验现有理论和模型的准确性,并为试验研究提供指导方向。

美国阿肯色大学的纳特(Nutter)等[98]根据基本的热力学定律,提出了描述容器泄放过程的降压速率的模型,分别采用单相模型、均相平衡模型、均相冻结模型描述出口的临界质量通量。通过R22的泄放试验对模型进行了验证,显示该模型能较好地预测泄放过程中的压力变化。Nutter等指出,泄放孔径、初始充装率及外壁传热对降压过程影响较大,初始压力、容器的容积对降压过程的影响不大。由于该模型仅考虑平衡相变,计算得到的压力呈逐渐降低的趋势。

加拿大新不伦瑞克大学的朗克吕(Lenclud)等[99]考虑了泄放过程中容器裂纹的扩展,建立了液化气体容器小口破裂后的单相流和两相流泄放模型以及裂纹扩展模型,并采用装有氩、水的400 mL钢制容器进行了开口泄压试验,并且对模型进行验证。单相流泄放模型的计算结果与试验结果较为吻合。两相流泄放模型的计算结果与试验结果差距较大,尚需改进。

弗塞纳基斯(Fthenakis)等[100]针对容器气相壁的大破裂口泄放,将泄放过程分成3个阶段:单纯气相泄放;液相膨胀到出口后开始气液两相流泄放;随着液相的回落,重新转为单纯气相泄放。对于大破裂口导致快速泄放的情形,均相平衡模型会过高估计泄放流量,对整个泄放过程的描述不够精确。针对均相平衡模型的缺点,该文献考虑了两相间的拽力及滑移速度,在此基础上建立了快速降压条件下气、液两相泄放的非均相数学模型。

当前的大多计算模型都假定泄压过程中气、液之间为平衡相变,平衡模型对准稳态的两相流泄放是适合的,但不适用于描述快速降压初期的瞬态过程,原因在于泄压初期的两相流膨胀受到非平衡相变(包括沸腾延迟、核化、产生气泡)和两相流中空泡率空间扩展的影响。为了反映泄放过程中的非平衡作用,比利时鲁汶大学的博斯曼(Boesmans)等[101]建立了一个一维非平衡模型来描述液化气体的突然泄压,并进行了小型泄放试验对模型进行评价。试验结果表明,非平衡效应同时影响液化气体的瞬态和准稳态的液体膨胀,小型容器中的非平衡效应更加明显。上海交通大学的林文胜等[102]针对低温容器气相壁上出现裂口引发的快速降压过程提出了比较完整的数学模型,计算预测了容器内压力、过热度、液位等相关参数的变化,并分析了初始温度、充装量等因素对此物理过程的影响。华南理工大学的王海蓉等[103]对LNG储罐出现破损后的液体过热汽化建立了非平衡相变模型,与大多研究者不同的是,该模型针对的是容器液相壁出现破裂口的情况。通过计算分析得出了不同条件下过减压极限、压力下降及反弹的演化过程,分析了蒸气爆炸过程中的快速显著核化和沸腾延迟。

北京科技大学的俞昌铭[104]提出了一个一维数学模型对Venart提出的BLCBE物理模型进行描述,模型中的气相区和液相区分别采用了欧拉和拉格朗日坐标系。通过数值模拟，分析了稀疏波（开口处泄压产生）和压缩波（两相流膨胀产生），预测了气相区的压力、密度和速度分布以及液相区的气泡率和压力分布。俞昌铭[105]还采用一种解析与数值相结合的方法预测由于压力陡降及内部热源加热导致的饱和液体瞬态膨胀。平哈西（Pinhasi）等[106]建立了一个一维数值计算模型用来模拟 BLEVE 过程，并用特征线法给出了数值解。给定初始核化点密度，该模型可同时预测气泡在过热极限温度下的成长过程、膨胀液体的前沿速度、液体膨胀产生的激波超压。计算结果显示，达到过热极限温度的液体突然泄压时会导致激波形成。

由于商用计算流体力学（CFD）软件具有丰富的物理模型、先进的数值方法以及强大的前后处理功能，近年来被应用于爆沸过程的数值模拟。2012 年，北京化工大学的尚拓强等[107-108]运用 FLUENT 软件模拟了水在突然泄压条件下的爆沸过程。计算中采用流体体积（VOF）模型，较好地模拟了容器内两相流场的变化过程，依据模拟结果对过热液体的爆沸及增压过程进行了演化，分析了初始温度、液体充装率、泄放口径等参数对压力响应的影响。2014 年，大连理工大学的叶志烜[109]使用 FLUENT 软件对水的泄压及爆沸过程进行了数值模拟，计算中采用了 Mixture 模型，并采用杨雪[110]的泄放试验进行了模型验证，根据模拟结果分析了泄放过程中介质的温度场、流场、汽化速率、含气率等参数的变化，揭示了泄放过程中两相流的发展特征，并进行了爆沸强度的影响因素分析。Mixture 模型与 VOF 模型相比较而言，VOF 模型可以更直观地描述两相流的流动与相变。

综上所述，液化气体突然降压后的爆沸是 BLEVE 研究的核心问题，由于此过程涉及非平衡的相间传热传质和两相流动问题，虽然已发展出一些经验与半经验模型，但是还不能够完善地描述 BLEVE 的发生与发展。当前，关于液化气体爆沸的影响因素及影响机理尚未有统一的结论，还需开展进一步的研究工作。根据前人的研究经验，在小尺寸容器上进行快速降压试验是研究这一问题的较好手段。由于爆沸过程极其短暂和剧烈，当前尚不能很好地观测其微观变化，而利用 CFD 软件的数值模拟可以有效地弥补试验在此方面的不足，有助于认识爆沸过程的机理。

1.3 主要研究内容

现有的研究表明，液化气体的热分层及爆沸尚需开展进一步的研究工作。根据前人的研究经验，本书将开展小型试验研究，同时对液化气体的热响应和爆沸过程进行数值模拟研究。其中，技术路线如图 1-4 所示。

首先，通过热响应试验得到液化气体的热分层机理，在其指导下研究多种因

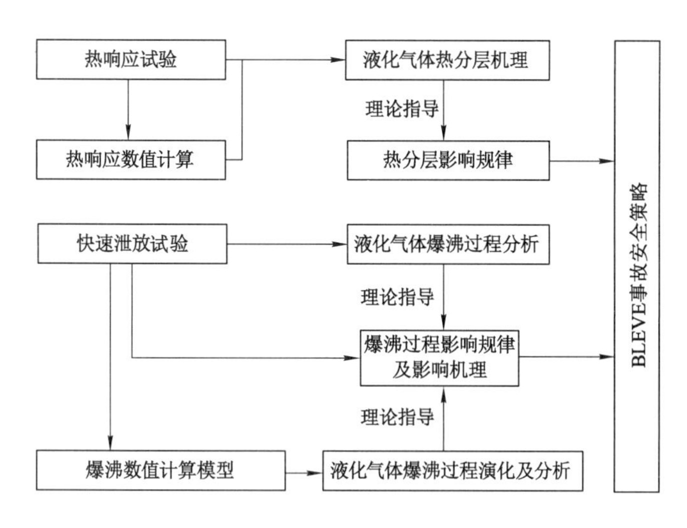

图 1-4　技术路线

素对热分层的影响规律，在试验过程中结合数值计算对试验机理进行深入揭示。同时进行快速泄放试验，通过典型试验对液化气体的爆沸过程进行理论分析，进而研究多种因素对爆沸过程压力响应的影响规律。其次，在快速泄放试验的基础上，建立数值计算模型，利用数值模拟方法演化并分析液化气体的爆沸过程，进一步探究爆沸过程机理。最后，总结得到热分层及爆沸过程的影响因素及其影响规律，为 BLEVE 事故安全策略提供指导。

具体研究内容如下：

1）热分层过程的机理研究

考虑到经济性、安全性、可控性、观测性等要求，建立液化气体储罐热响应试验系统。对小型试验容器的外壁施加电加热，用以模拟液化气体储罐遭受外部火灾热侵袭。试验系统需满足多种介质、多种加热条件的要求，还要实现热响应的可视化观测。由于可视化观测会影响容器的外加热，同时也限制了容器的承压和耐温能力，综合考虑后采用立式圆筒容器和长方体可视化容器 2 套试验装置。综合在立式圆筒容器和可视容器上得到的试验数据及观测到的试验现象，分析介质内部热分层的形成、发展及消除的过程，揭示热分层机理。

2）热分层的影响因素分析

以得到的热分层机理为指导，在热响应试验系统上进行一系列改变参数的热分层试验，研究热分层的影响因素及影响规律。可变的试验参数包括：介质(水、R22、LPG)物性、热流密度、加热区域、充装率、初始温度等。

3）热分层过程的数值模拟研究

针对卧式储罐加热试验，建立数值计算模型，通过对比试验与数值计算结果，验证计算模型的有效性，并利用数值模拟结果对热分层过程的形成机理进行更深入地分析。

4）液化气体爆沸过程的试验研究

建立液化气体 BLEVE 试验系统，对加热到一定温度的介质进行快速泄放以模拟液化气体的 BLEVE 过程。通过试验结果研究液化气体的爆沸机理，并研究热分层、充装率、泄放口径等因素对爆沸过程中的压力波动的影响规律。

5）液化气体爆沸过程的数值模拟研究

建立液化气体爆沸过程的数值计算模型，并用试验结果验证模型的可靠性。利用数值模拟演化及分析液化气体的爆沸过程，重点研究热分层对爆沸的影响机理。

2 液化气体热分层机理研究

在外部加热条件下，液化气体储罐的罐壁温度、介质温度、内部压力会发生变化，从而影响储罐的安全运行。内部介质的温度分布通常是不均匀的，即存在“热分层”。为了研究液化气体的热分层机理，本章将建立立式圆筒热响应试验系统和可视化热响应试验系统，对热响应过程中的温度、压力等参量和内部介质的流动及沸腾现象进行记录和观测，并在此基础上对热分层过程进行理论分析。

2.1 试验设计

2.1.1 试验系统

本章将建立 2 套热响应试验系统：一套采用立式圆筒热响应试验系统；另一套采用长方体可视化热响应试验系统。

1）立式圆筒热响应试验系统

立式圆筒热响应试验系统由立式圆筒容器、加热装置、压力及温度采集系统、计算机处理系统及其他辅助装置组成。图 2-1 为立式圆筒热响应试验系统示意图。

试验容器的容积为 48 L，容器直筒段高度为 510 mm，内径为 310 mm，两端为标准椭圆封头。容器上封头接有内径 100 mm 的泄放管，端部用法兰连接，可以安装盲板或用爆破片进行密封。容器在多个位置设有管接口，以满足安装传感器、充装介质、抽真空、排气等需要。容器设计压力为 3.5 MPa，其上、下封头及侧壁安装了 6 个铠装热电阻。测点 C_1～C_5 用于测量介质沿竖直方向的温度分布。其中，在 C_2 水平高度安装了一支多点热电阻测点（C_{21}、C_{22}、C_{23}），用于测量介质沿圆筒径向的温度分布；在容器外壁安装了与 C_1～C_5 相同高度的 C_{w1}～C_{w5} 铠装热电偶，用于测量容器外壁的温度分布。各内部测点距容器中轴线的水平距离见图 2-1，各测点距容器下封头最低点的垂直高度及其对应的容积率见表 2-1，试验中所用传感器的技术参数见表 2-2。根据试验中的压力范围选用合适量程的压力传感器，压力传感器的安装接口配备冷却水套，试验中对压力传感

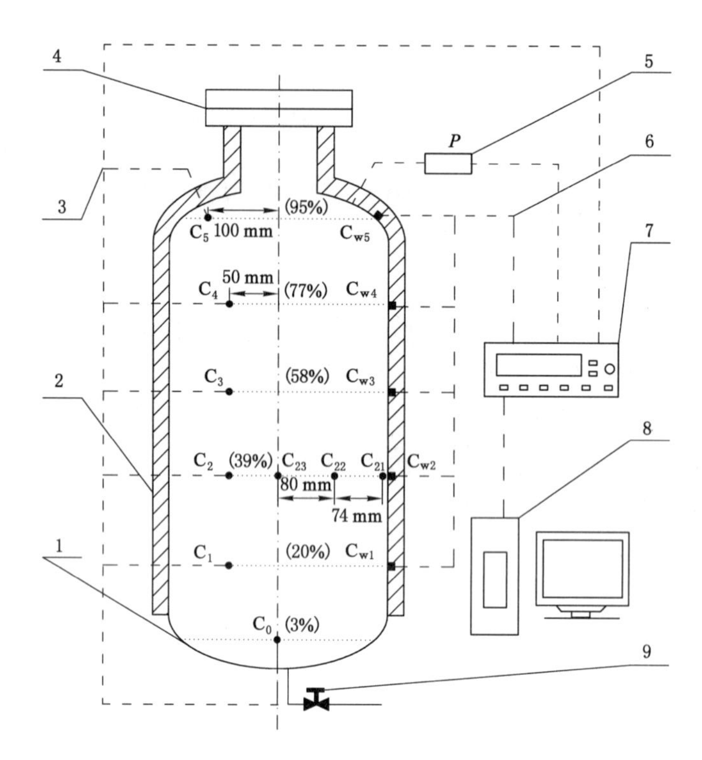

1—试验容器；2—加热器；3—内部热电阻；4—法兰端盖；5—压力传感器；6—外部热电偶；
7—数据采集器；8—计算机；9—底部阀门。

图 2-1 立式圆筒热响应试验系统示意图

器进行循环水冷却，保证系统处于正常工作温度。

表 2-1 圆筒容器中的温度测点位置及对应的容积率

温度测点	C_0	C_1，C_{w1}	C_2，C_{w2}	C_3，C_{w3}	C_4，C_{w4}	C_5，C_{w5}
高度/mm	40	148	268	388	508	616
容积率/%	3	20	39	58	77	95

注：书中涉及本试验容器高度位置时，基准零点均为容器内部最底点，即下封头底部。

表 2-2 传感器技术参数

传感器	热电阻	热电偶	压力传感器
类型	PT100	K 型	压阻式
精度/%	0.07	0.15	0.25
量程	0～500 ℃	0～1 000 ℃	−100～0 kPa；0～2 MPa；0～5 MPa

为保证试验过程中的安全，并实现对加热热流及加热区域的控制，本试验使用电加热带对容器加热。加热热流密度通过变压器调节，加热位置在试验中可以自由调整。加热带缠绕并固定在储罐外壁后，外覆硅酸铝保温棉以减少其向外部环境的漏热。

本试验采用 Agilent34970A 数据采集器。该采集器具有 6.5 位（22 位）的分辨率，0.004%的基本直流电压精度，250 通道/s 的扫描率。数据采集器连接电脑，借助软件实现对数据的实时记录和监控。

2）长方体可视化热响应试验系统

为观察内部的介质流动和沸腾情况，本书采用了带大视窗的长方体可视容器进行热响应试验。长方体可视化热响应试验系统由长方体可视化容器、加热装置、温度采集系统、压力采集系统及其他辅助设施组成，如图 2-2 所示。

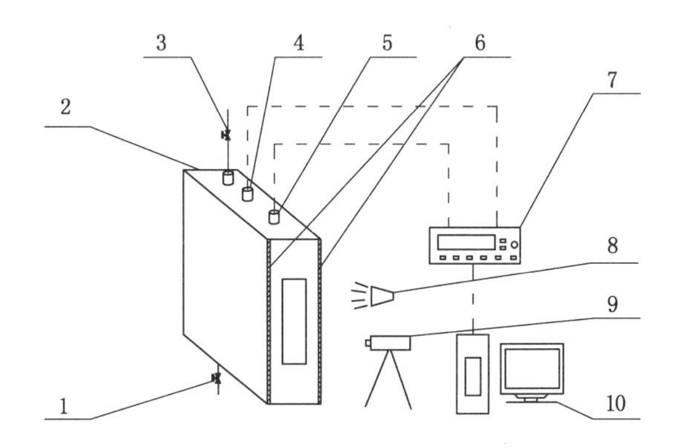

1—底部阀门；2—试验容器；3—排气阀门；4—多点温度传感器；5—压力传感器；6—加热片；7—数据采集器；8—光源；9—摄像设备；10—计算机。

图 2-2 长方体可视化热响应试验系统示意图

可视容器容积为 48 L，容器内壁的尺寸为 400 mm（长）×200 mm（宽）×600 mm（高）。在容器的 2 个 400 mm×600 mm 的侧壁面上对称安装加热片，加热区域可调，加热热流密度通过变压器控制。在储罐的 2 个 200 mm×600 mm 的侧壁面开视窗，视窗尺寸为 80 mm×300 mm。容器设计压力为 0.6 MPa。

容器顶部中心位置装配 1 支多点式 K 型铠装热电偶用于测量内部介质温度。与各内部测点高度相对应，在侧壁上安装了 5 个 K 型热电偶测量壁温。各温度测点的布置如图 2-3 所示；各测点距容器底部的垂直高度及其对应的容积率见表 2-3。

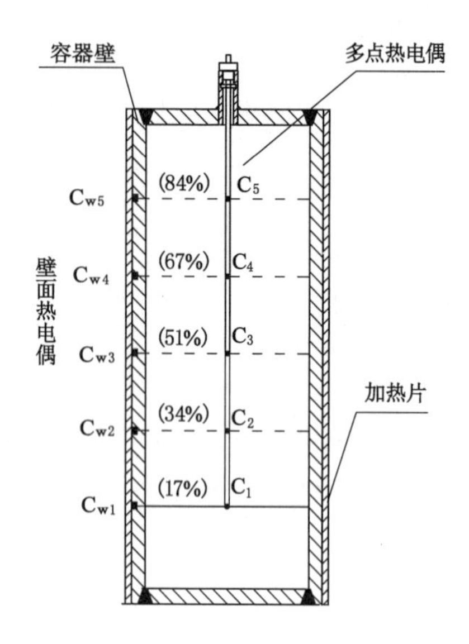

图 2-3 温度测点分布图

表 2-3 可视容器中的温度测点位置及对应的容积率

温度测点	C_1，C_{w1}	C_2，C_{w2}	C_3，C_{w3}	C_4，C_{w4}	C_5，C_{w5}
高度/mm	106	204	304	404	505
容积率/%	17	34	51	67	84

2.1.2 试验方法

2 套热响应试验系统的试验方法基本相同，只是可视化试验中需要在采集数据的同时对内部现象进行观测和记录。由于本书研究的是液化气体，介质充注前要对容器抽真空，以保证容器内只有一种介质并处于气、液两相平衡。考虑到容器的承压能力，立式圆筒容器可采用水、LPG、R22 等 3 种介质，方形可视容器只用水为介质。

1）介质充注

充注过程包括容器密封、气密性测试、容器抽真空、充注到指定液位等环节。

2）加热源

实际储罐的加热条件比较复杂，加热区域、热流密度都可能发生变化。为了突出主要研究因素，加热器采用均匀热流，但加热区域可自由调整。试验中，加热器热流密度可通过变压器调节。将加热带（片）包覆并固定在指定的加热区域，加热区域大小由其下边缘和上边缘高度决定。

3）试验记录及观测

加热器通电加热的同时开始数据采集，全程对压力传感器进行循环水冷却，内部介质到达设定的温度（压力）后停止加热和数据采集，试验过程中对内部介质的流动及沸腾现象进行观测和摄像记录。

2.2 试验结果

本书中用代号 HW、HS 分别标记在立式圆筒容器和长方体可视容器上完成的水加热试验。分别在 2 个试验台上完成典型热响应试验 HW_1、HS_1，其初始条件见表 2-4。

表 2-4　试验 HW_1、HS_1 的初始条件

代号	试验容器	介质	初始温度/℃	热流密度/(kW·m^{-2})	充装率/%	液位高度/mm	液位位置	加热高度/mm	加热区域
HS_1	长方体可视容器	水	16.8	6	51	304	C_3	0～600	全侧壁
HW_1	立式圆筒	水	33.5	10	58	388	C_3	73～583	圆筒全侧壁

注：本书中，立式圆筒 73 mm、583 mm 高度分别为圆筒与下、上封头交界处。

1）热响应试验现象

试验 HS_1 中介质的温度响应曲线见图 2-4，各测点 C_i 的温度用变量 T_i 表示（全书同）。在采集热响应数据的同时，通过玻璃视窗对试验 HS_1 进行了全程观察。

3 100 s 之前，液相主体区没有明显的流动，根据内壁面附近微小悬浮物的向上移动可判断出壁面附近存在受热上升的热流体，内壁面上无沸腾气泡生成。从这一时间段的温度曲线可看出，液相内部形成了稳定的热分层。3 100 s 之后，处于液面高度的内壁面上最先出现沸腾气泡，气泡核化区域逐渐沿着内壁面向下扩展，t_1、t_2、t_3 三个时间点的液相沸腾现象如图 2-5 所示。内壁上气泡核化点的密度逐渐增大，且密度分布呈上高下低，液面以下 20 mm 范围的核化点密度最高。气泡从核化点连续产生，沿壁面快速上升，到液面破裂。壁面附近的液体被高速气泡流带动向上流动，到达液面后转向液面中央，再向下汇入上层液体。随着内壁面上汽泡核化区的向下扩展，液面的温度升高速率逐渐降低，液相热分层逐渐消除。依靠入射光在液体中的折射，可观察到液相区的上层饱和液体和下层过冷液体之间存在分界面，上层的饱和液体内部产生了速度较快的环

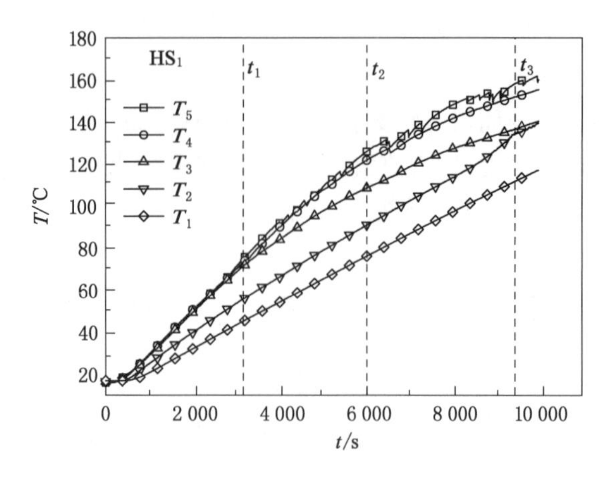

图 2-4 试验 HS_1 中的介质温度变化曲线

流，下层的过冷液体则没有明显流动。图 2-6 为液体的饱和区与过冷区之间的分界面。结合试验现象和图 2-4 中的温度曲线，发现该分界面移动到 C_2 测点水平时，测点 C_2 的温度刚好达到饱和温度，随之气泡成核区扩展至 C_2 水平高度。

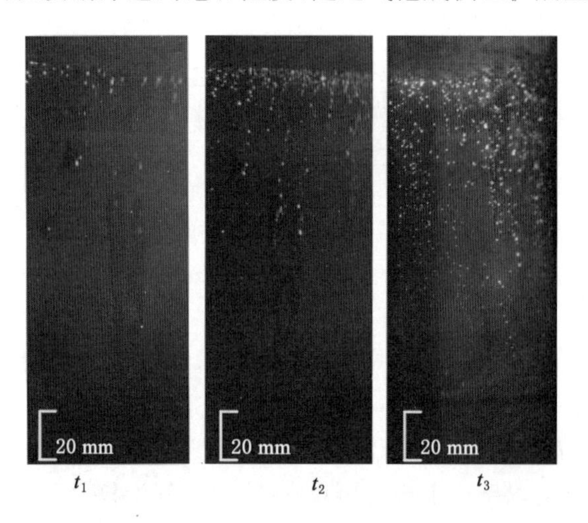

图 2-5 试验 HS_1 中 t_1、t_2、t_3 三个时间点的液相沸腾情况

在试验初期，气相区内壁面上有冷凝水附着，同时气相温度一直与液面温度保持一致。随着加热进行，气相区内壁面逐渐变干，只在温度较低的水冷套和观察窗周围存在冷凝水，而气相温度则明显超过了液面温度。

2）液相的热分层

试验 HW_1 的温度响应曲线见图 2-7，各内部测点 C_i 的温度用 T_i 表示，各

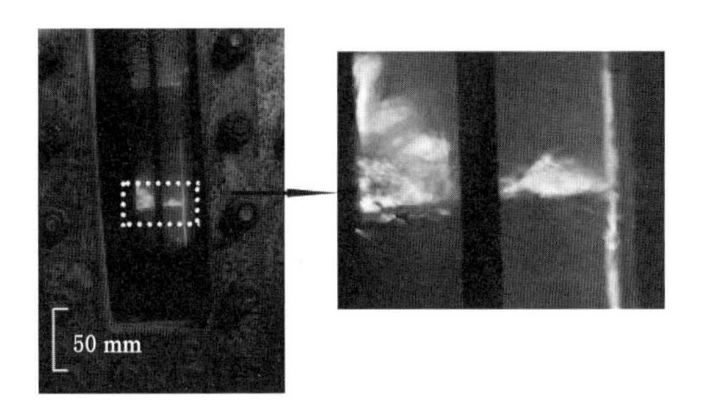

图 2-6　饱和区与过冷区之间的分界面

外壁测点 C_{wi} 的温度用 T_{wi} 表示。T_p 为气相压力所对应的介质饱和温度，由工质物性查询软件 REFPROP 获得。

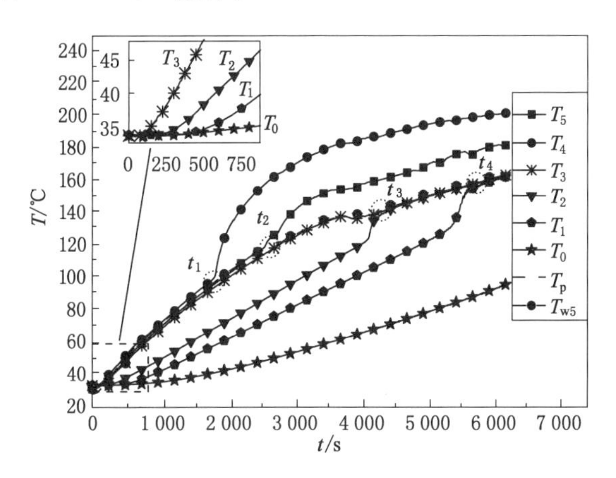

图 2-7　试验 HW_1 中的介质温度变化

由图 2-4 和图 2-7，可看出，试验 HS_1、HW_1 中介质温度的分布及变化趋势基本一致。加热开始后，液相自上而下逐层开始升温，形成了热分层。加热一段时间后，气相也出现了热分层。随着加热的进行，液面的升温速率越来越低，液相区的热分层自上而下逐渐消除。

用参量 η 表示液相的热分层度，即

$$\eta = T_p / T_{avg} \tag{2-1}$$

式中，T_{avg} 为液相的平均温度。

T_{avg} 由液相区各测点的温度加权平均得到。根据式(2-1)，得到试验 HW_1、HS_1 中 η 的变化曲线，如图 2-8 所示。在 2 组试验中，液相的热分层度大约从

1.0 开始逐渐增大，增大到一定程度后又逐渐降低，表明 2 组试验中的液相均经历了热分层的形成与消除的过程。2 组试验中相同的温度响应趋势说明，虽然 2 组试验容器的几何形状不同，但 2 组试验中的热分层形成机理是相同的，它们各自得到的一些定性结论可以互相推广。

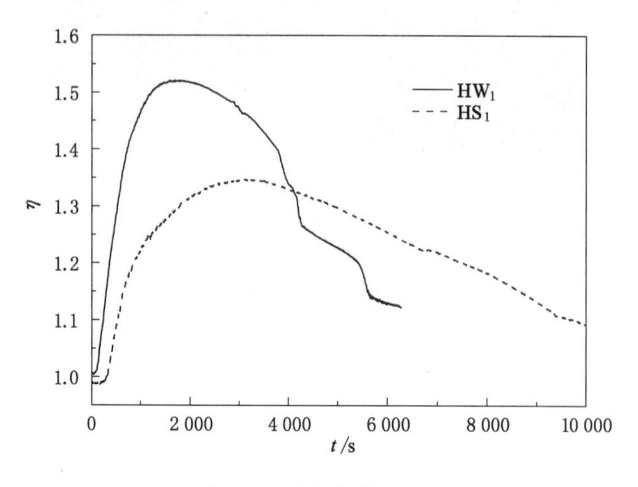

图 2-8　液相热分层度

由图 2-7 可以看出，在液相热分层的消除过程中，上层饱和液体的升温速率逐渐降低，而其下层的过冷液体的温度则突跃升高至饱和温度（图 2-7 中的 t_3、t_4 时刻）。过冷液体的温度在突跃之前一直以较恒定的速率升高，而突跃时其升温速率则增大至原来的数倍（C_2、C_1 水平处的液体升温速率分别增大了约 7 倍、3.5 倍）。根据可视试验，过冷液体区内的流动很慢，内部热分层维持较稳定，而当内壁面出现核态沸腾时，上层的饱和液体内部产生了较强的对流，通过其扰动卷携作用使得下层的冷液体不断进入上层饱和液体区。显然，过冷液体的温度突跃是饱和层向过冷液体层扩展所导致的，其动力来自壁面的沸腾。

清华大学的科研人员通过可视化试验研究，对核态过冷沸腾中的气泡动力行为及射流现象进行了描述和分析[111-114]。王昊等[111]通过可视化试验发现气泡产生前和产生后，核化点都会出现射流。随着液体温度的升高和加热的增强，在核化点先后出现高能液体流、雾状射流、簇状射流、泡状射流、泡串射流和气泡顶部射流等不同形态。江军等[112]通过分析，认为射流的泵吸作用、气泡表面相变换热、马拉戈尼（Marnagoni）效应等是导致射流和气泡结构演化的根本原因。王昊等[114]通过高速摄像并配合激光 PIV 技术，对过冷沸腾中微小气泡顶部射流进行了细致观察，发现加热面附近的热流体被卷吸，经由射流进入过冷液区。综上所述，气泡在传热过程中主要起到扰动作用，其增长和逸离过程诱发液体卷入，而这一作用为消除热分层提供了动力。

3）气相的热分层

在试验 HW_1 中，在开始加热很长一段时间内，气相区测点 C_4、C_5 的温度（T_4、T_5）与液面温度（T_3）基本保持一致，这说明此阶段气相为饱和蒸气。气相区测点 C_4、C_5 的温度分别在 t_1、t_2 时刻迅速升高，从而远高于液面的温度，说明此时气相已成为过热蒸气。

可视试验 HS_1 中观测到试验初期有蒸气在气相区的内壁面上冷凝，随着加热的进行，冷凝液的覆着区域逐渐缩小。当蒸气过热时，冷凝液仅存在于冷却水套及顶部法兰等个别低温区域。试验 HW_1 中，上封头和冷却水套等部位都是未直接受热区，也必然会产生类似的冷凝区。由图 2-7 中的 T_{w5}、T_p 曲线可看出，试验 HW_1 中未直接受热的上封头的壁温与介质的饱和温度保持一致，这说明蒸气在此壁面上不断冷凝，使得壁面处于蒸气的饱和温度。由图 2-7 中的 T_4、T_5 曲线可看出，当气相区出现热分层后，直接受热的圆筒区气相的温度（T_4）高于未直接受热的上封头区气相的温度（T_5），这说明越靠近冷凝区的蒸气温度越低。

根据温度曲线与可视化观测，可推断出气相壁面上覆着的冷凝液阻碍了蒸气迅速升温。由于气相壁面的温度高于液相壁面的温度，当汽化速率较低时，气相的增加量主要由覆着于气相壁面的冷凝液蒸发提供，冷凝液的不断蒸发使气相区的蒸气处于饱和态。随着受热壁面的持续加热，壁面上的冷凝液基本被蒸干，气相区大部分蒸气将变为过热态而迅速升温。

4）液面温度与气相压力的联动

图 2-7 显示液面处 T_3 测点的温度曲线与储罐内饱和温度 T_p 曲线基本重合，说明液面温度为容器内液相的饱和温度，储罐内的压力由液面温度决定。

用单位采集时间内的压力变化除以采集时间步长，得到各时刻的压力变化速率。图 2-9 为试验 HW_1 的气相压力曲线及压力变化速率曲线。

结合图 2-7 和图 2-9 可知，在液面稳定升温阶段，气相压力呈恒加速度上升趋势；当液面升温速度降低时，气相压力增长速度减缓，在局部时间段还出现了气相压力的“滞长”甚至下降。

5）液体径向温度分布

在试验 HW_1 中，C_2 处采用了多点式热电阻，用于测量此高度处的液体沿圆筒体径向的温度分布。该传感器 3 个测点在容器内部的径向位置见图 2-1；3个测点的温度曲线如图 2-10 所示。

由图 2-10 可以看出，位于液相内部的测点 C_{22} 和测点 C_{23} 的温度自始至终保持一致。在加热初期，位于内壁附近的测点 C_{21} 的温度略高于测点 C_{22} 和 C_{23}，温

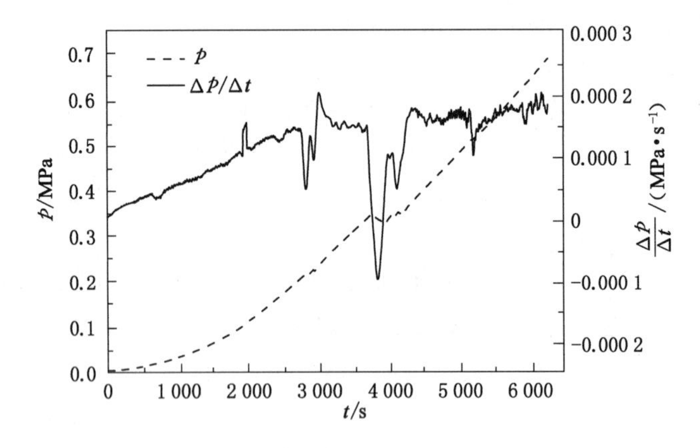

图 2-9　容器气相空间压力曲线及压力变化速率曲线

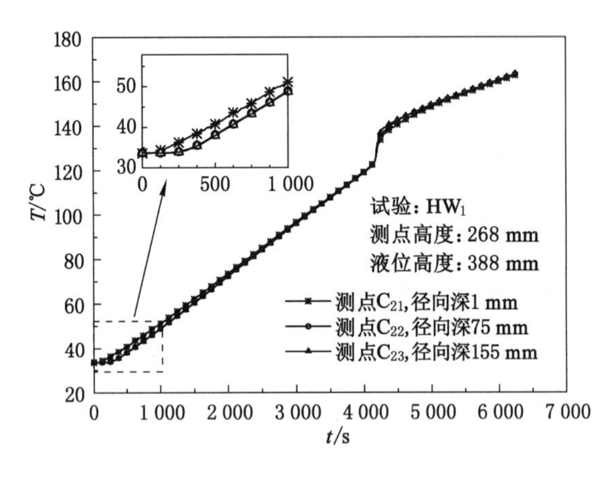

图 2-10　径向多点温度曲线

差最大时为 3 ℃，2 000 s 以后 3 个测点的温度基本一致。根据自然对流传热理论，在外侧壁加热条件下，内部介质会在内壁附近形成热边界层，但边界层所占体积远小于主流体区，试验中的 C_{21} 测点应该位于边界层附近。Moodie 等[3]曾经在 5 t 液化气储罐的火灾热响应试验中测量过内壁面附近的液体温度，发现内壁面附近的液体温度并未明显高于液相主体区温度。综上所述，认为液相主体区基本不存在径向温度梯度。

6）介质温度与壁面温度的耦合

在试验 HW_1 中，测量介质温度的热电阻测点 C_1～C_4 与测量外壁面温度的热电偶测点 C_{w1}～C_{w4} 的水平高度分别相同。测点 C_1～C_3 位于液相区，C_{w1}～C_{w3} 位于液相区外壁面（简称液相壁），C_4 位于气相区，C_{w4} 位于气相区外壁面（简称气相壁)。图 2-11 为外壁面温度曲线;图 2-12 为相同高度的介质温度与壁面温度差值曲线。

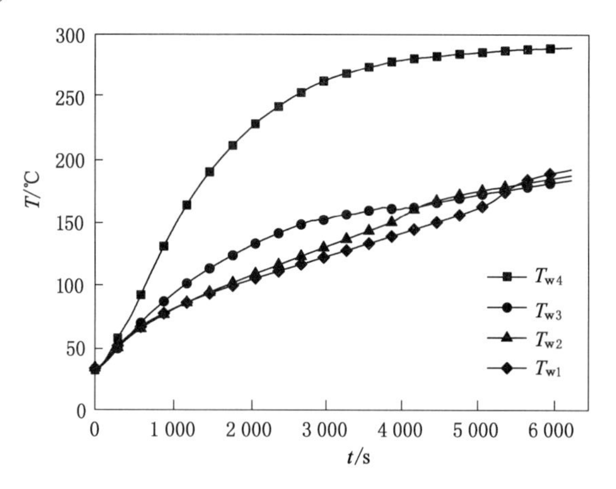

图 2-11　外壁面温度分布曲线

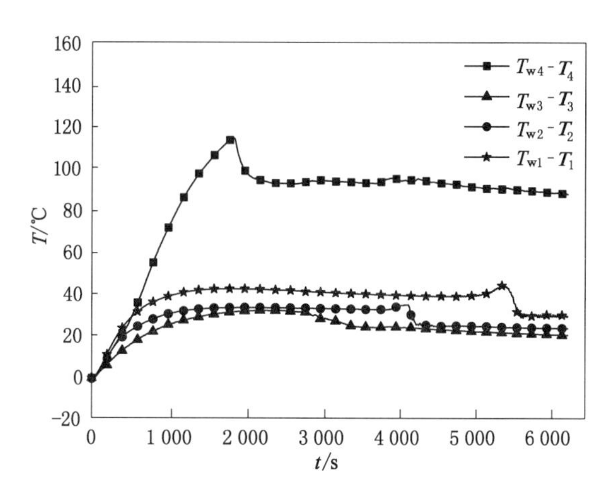

图 2-12　介质温度与相同高度的壁温面度差值曲线

图 2-11 显示气相壁的温度大大高于液相壁,与气、液相壁之间的巨大温差相比,液相壁不同高度处的温差较小。由图 2-12 可以看出,气相壁与介质间的温差远高于液相壁与介质间的温差,说明蒸气的对流换热能力远低于液体,使得蒸气对气相壁的冷却较差。各高度水平的外壁与介质间的温差都是在经历一个迅速增大的阶段后趋于恒定。本试验中电加热器的输出热流是恒定的,但加热初期进入容器的热流密度并未稳定,是从零开始逐渐增大至稳定状态的。图 2-12 显示,本试验中液相壁的输入热流在 1 000 s 后基本稳定,气相壁的输入

热流在 2 000 s 后基本稳定。综合图 2-7、图 2-11、图 2-12 可以看出,相同高度处的壁面与介质的温度是耦合变化的,在恒热流加热条件下,壁面与介质的温度差基本保持恒定。

2.3 机理探究

2.3.1 热分层形成过程

1) 热分层模型

根据 2.2 节的试验结果,在热分层形成阶段,液相处于无沸腾条件下的单相自然对流。液相的温度自上而下逐层开始升高,侧壁面附近形成了向上浮升的热流,而液相主体区没有明显流动。根据本书的试验结果和前人的理论研究[23,115],下面建立热分层形成过程的物理与数学模型。

假设模型中被加热的液相区为半径 R、高度 H 的圆柱,液相侧壁输入的热流密度为 q_w。为了简化问题,该模型做以下假设和简化:不考虑液相与气相之间的传热传质,即液相区在侧壁加热时只发生单相自然对流;假设速度边界层和热边界层厚度一致;介质符合布辛涅司克(Boussineq)假设;对于液化气体储罐来说,其边界层只局限于靠近储罐壁面的有限范围内,边界层的发展基本不受干扰和阻碍,按大空间自然对流处理;边界层稳定存在,侧壁输入的所有能量都通过边界层传递给介质。

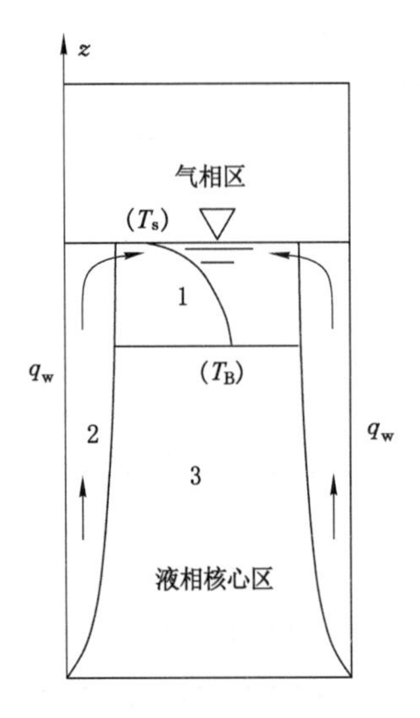

图 2-13 热分层模型示意图

热分层物理模型如图 2-13 所示。将液相区分为热分层区、边界层区和未受影响区,在图中分别由数字“1、2、3”代表。液相区受到侧壁加热后,在内壁面附近形成向上流动的边界层,边界层的温度高于中心区液体。边界层的液体吸热升温后向上流动,到达液面后向中央扩散,从而在未受影响区之上形成热分层区。热分层区的上表面温度为 T_s,下表面温度即为未受影响区的温度 T_B。随着自然对流的进行,热分层区不断向下扩展,未受影响区的空间逐渐被热分层区占据。

根据自然对流边界层理论,边界层横截面的速度分布和温度如图 2-14(a)所示。随着垂直高度的增加,边界层流体的流态由层流向紊流发展,如图 2-14(b)所示。边界层横截面的速度和温度分布在层流和紊流状态下是不同的，流态的判据可用 Gr、Ra 特征数。参考竖平板大空间自然对流条件下的流态判据[116]，Gr 在 $1.43\times10^4\sim3\times10^9$ 范围内的为层流；Gr 在 $3\times10^9\sim2\times10^{10}$ 范围内的为过渡流；Gr 大于 2×10^{10} 的为紊流。根据本书试验数据，试验中的边界层流的 Gr 远大于 2×10^{10} 量级，即边界层处于紊流流态。实际中，液化气体储罐比试验容器大得多，加热热流也强得多，其边界层流态一般都为紊流，故下面只分析边界层为紊流状态下的热分层过程。

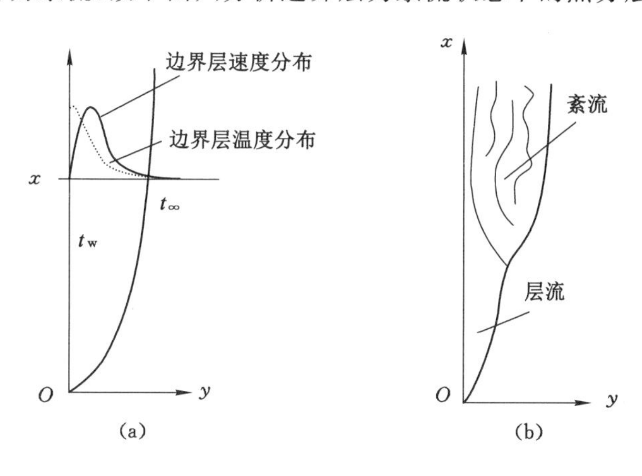

图 2-14　自然对流边界层示意图

假定热分层区的介质和能量都来自边界层，通过求解边界层的动量、能量积分方程得到热分层区的厚度变化，式(2-2)～式(2-4)描述了分层区厚度随时间的变化。其中边界层横截面的速度分布和温度分布根据经验公式确定。该数学模型推导过程可参考文献[37,42,115]。

$$\delta_s = H\left[1-\left(1+\frac{0.041\ 8a_1 a_2 H^{1/7} t}{R}\right)^{-7}\right] \tag{2-2}$$

其中

$$a_1 = \left[\frac{\rho c\nu^3}{23.969 q_w \beta g}(0.001\ 667\ Pr^{-8}+0.000\ 743\ Pr^{-22/3})\right]^{1/14} \tag{2-3}$$

$$a_2 = 0.142\ 4\,\frac{\nu}{Pr^{8/3} a_1^5} \tag{2-4}$$

式中，δ_s 为分层区厚度；H 为液相区高度；R 为储罐内径；t 为时间；ρ 为密度；c 为液体比热容；ν 为运动黏度；q_w 为壁面输入热流；β 为热膨胀系数；g 为重力加速度。

2）热分层形成过程分析

为了更好地显示分层区向下扩展的过程，本节在圆筒容器上进行充装率较高的试验 HW_2。该试验液位在 C_4 高度，介质初始温度为 21.8 ℃，整个圆筒侧壁均匀受热。圆筒区内液相的 4 个测点 $C_1\sim C_4$ 的温度曲线如图 2-15 所示。

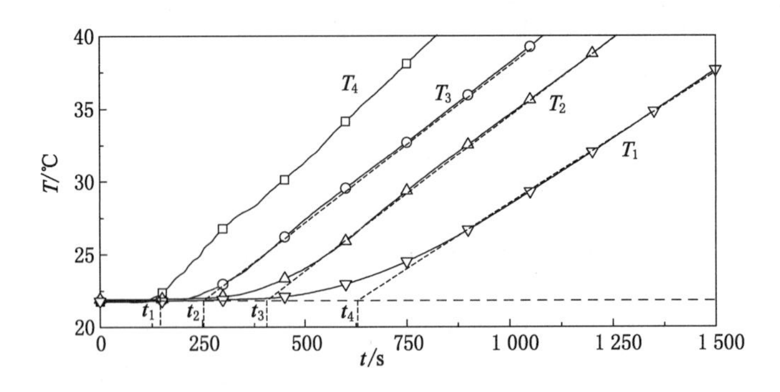

图 2-15　试验 HW_2 中介质温度变化曲线

由图 2-15 可看出，从开始加热到 t_1 时刻，液相的温度基本没有变化，这是由于从加热器通电到热流进入介质需要一段时间。将 t_1 时刻作为介质开始升温的初始时刻，此时刻位于 C_4 高度的表层液体开始升温，随后不同高度的液体自上而下逐层开始升温，这反映了模型中所描述的分层区向过冷液体区扩展的过程。

图 2-15 显示，各测点的温度从初始值到线性升高阶段之间有一段过渡升温。由于模型对实际情况进行了一些简化，各测点小幅度的过渡升温可能是液体内部通过热传导传热的表现，不能说明分层区已扩展到该位置。为了反映热分层区扩展速度这一主要特征量，不考虑各测点的过渡升温，利用各测点的线性升温段倒推得到各测点的初始升温时刻 t_2、t_3、t_4，将其作为热分层区扩展到各测点的时刻。以表层液体开始升温的时刻 t_1 作为零点，t_2、t_3、t_4 与 t_1 的差值即为分层区从液面扩展到 C_3、C_2、C_1 各测点所需的时间。

该试验中的液相侧壁高度为 0.425 m，容器半径为 0.155 m，液相侧壁实际输入热流密度为 5.7 kW/m^2，水的热力学特性参数通过工质物性查询软件 REFPROP 获得。用本节的数学模型计算得到该试验条件下分层区的厚度随时间的变化情况。计算结果与试验结果见图 2-16。

图 2-16 显示，分层区的厚度随时间逐渐增大，计算得到的分层区扩展到相应测点的时间与试验测得值基本一致。试验结果和计算结果的对比表明，该模型对热分层形成过程的描述是合理的。

2.3.2　液相区的输入热流分布

在试验 HS_1 中观测到，沸腾核化点在液面附近的密度最高。依据核态沸腾理论[117]，壁面相对于液体达到一定过热度才可产生沸腾，过热度越高，气泡越容易产生。根据气泡核化点分布，可推断出内壁面的热流密度分布：在容器的气、液相侧壁全加热条件下，气相壁温度很高，气相壁向液相壁传热，从而使液面

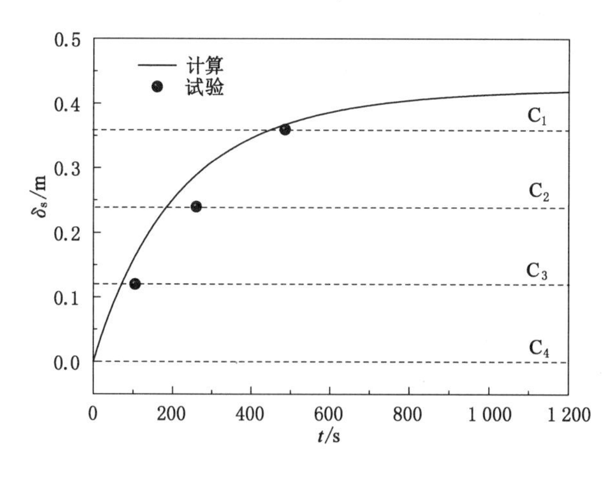

图 2-16　分层区厚度变化

附近的液相壁的热流密度较大。

在稳定热分层阶段，流体区可分为 3 个区域：气相区，表层饱和液相区，过冷液相区。下面定义 3 个区域的有效加热功率（被介质吸收的热功率）：N_v为增加气相的显热；N_e为增加气相的潜热；N_l为增加液相的显热。图 2-17 对 3 个区域及其吸收的有效热功率进行了描述。虽然加热器输出的热流是均匀的，但由于这 3 个区域内的介质存在热力状态的差异，3 个区域内的介质具有不同的换热能力，各区域所吸收的有效加热功率应存在差别。

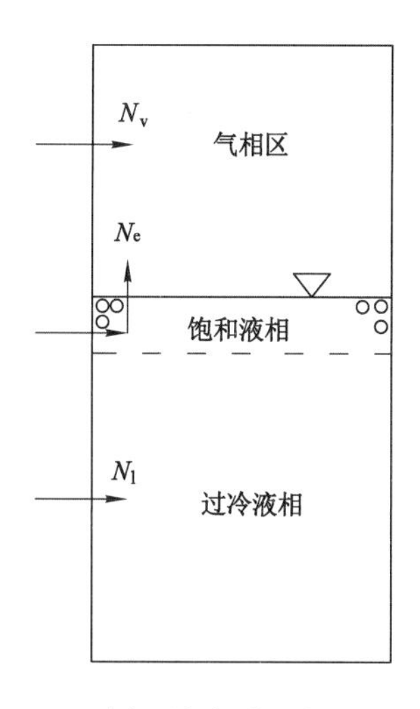

图 2-17　不同区域介质的实际吸收功率

下面对试验 HW_1 中的 N_v、N_e、N_l进行计算。根据测得的气相压力，通过工质物性软件 REFPROP 得到气相处于饱和态时的焓值,其单位时间内的增加值为 N_e。气相的平均温度用气相测点 C_4 的温度来表示,结合测得的气相压力,通过工质物性软件 REFPROP 得到过热气相的焓值,其单位时间内的增加值即为 N_v、N_e之和。根据液相的温度变化及其比热容参数,可求的 N_l(液相单位时间增加的能量,即液相有效输入功率。)单位时间内增加的能量,即 N_l。图 2-18 为试验 HW_1 中 N_v、N_e和 N_l随时间的变化曲线。

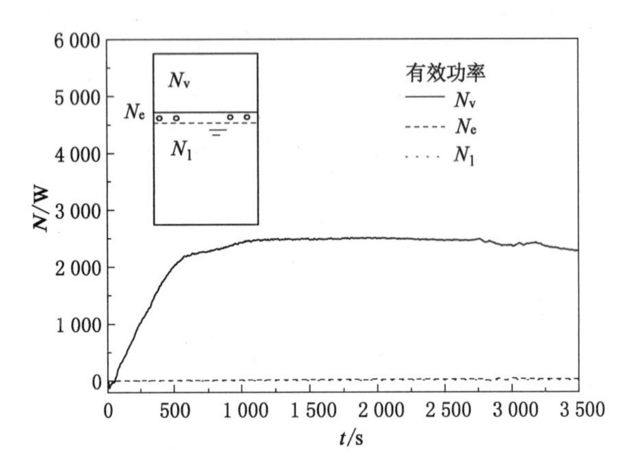

图 2-18　试验 HW_1 中各区域的实际吸收功率

根据试验 HW_1 中的加热器总功率和气、液相壁的加热面积比,可以得出气相壁和液相壁的加热功率分别为 1 900 W、3 100 W。根据图 2-18,加热开始约 600 s 后处于稳定传热阶段,传热稳定时 N_l、N_e和 N_v的值约为 2 389 W、22.3 W、6.6 W。由此可见,虽然容器侧壁的外部加热热流是均匀的,但液相升温所吸收的功率远高于气相升温和液面汽化所吸收的功率。通过对比 N_l、N_e和 N_v可知,进入容器的热流在各区间的分配方式如下:在气、液相壁全加热情况下,绝大部分的气相壁加热能量没有被气相所吸收,由于气、液相区存在巨大温差,气相区的能量会向液相区传递,液面获得的热流密度应该是最高的。也就是说,在气、液相壁同时受热时,液相区的热流密度是上高下低的。

2.3.3　热分层的维持与消除

根据本章的热响应试验结果及分析,图 2-19 描述了气、液相壁同时受热时热分层的维持与消除过程。

热分层维持阶段如图 2-19(a)所示。在侧壁加热条件下,液相通过自然对流传热,侧向内壁面附近形成热边界层,边界层热流体沿壁面向上浮升,到达液面后横向扩散进入上层液体区,使得液相形成稳定的上高下低的温度分布,即热分

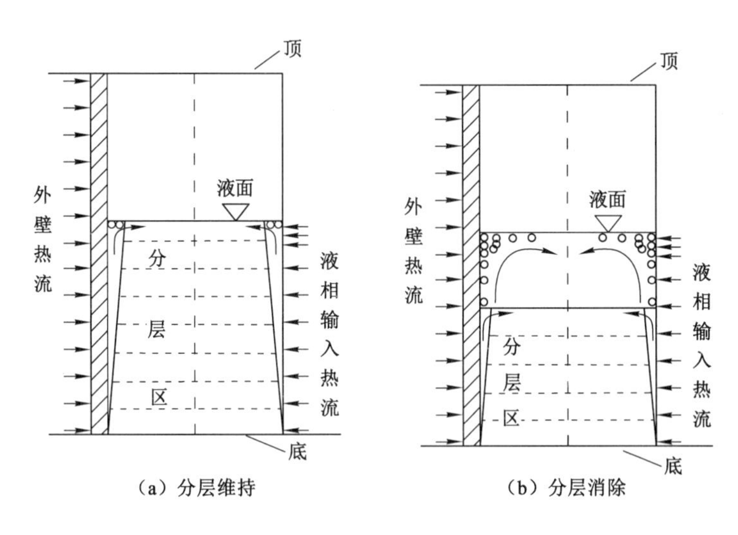

图 2-19　热分层的维持与消除示意图

层。当液相的汽化速率较低时,液相自然对流的驱动力为单相浮升力,导致的流体流速较慢,对液相主体区的扰动不大,热分层可稳定维持。当液相的汽化速率较高时,壁面产生沸腾。如图 2-19(a)所示,沸腾最初只集中在液面区。由于沸腾区域较薄,对液相主体区的扰动很小。同时,液面剧烈的沸腾汽化使得气相压力快速上升,从而使液面层以下的液体维持了较高的过冷度。过冷的下层液体在扰动较小的条件下一直处于稳定的单相自然对流状态,热分层得以稳定维持。

随着汽化速率的不断增大,沸腾强度加大,沸腾区域从液面逐渐向下扩展,液相可分为上层的饱和液相区和下层的过冷液相区,如图 2-19(b)所示。上层饱和液体在沸腾的虹吸作用下,内部形成速度较快的环流,使得上层液体温度分布均匀。下层液体为单相自然对流,内部流动速度较慢,热分层基本稳定。上层液体和下层液体不同的温度与流动方式使得两层液体之间形成了明显的冷热交界面(热锋面)。由于沸腾的扰动作用很强,上层环流区不断地卷吸下层液体,热锋面不断下移,饱和层厚度不断加大,热分层也随之从上向下消除。当过冷区的某一点进入饱和层后,该点温度迅速上升至液体的饱和温度,即此处温度出现突跃。

2.4　本章小结

本章建立了立式圆筒热响应试验系统和长方体可视化热响应试验系统。在立式圆筒容器和可视化容器上进行了热响应试验,分析了热响应过程中的温度分布规律、压力变化规律、液体流态及沸腾现象，提出了热分层形成及消除的机理。主要结论如下：

（1）液化气体的热分层过程分为形成、发展、消除等阶段。在侧壁加热条件下，边界层的热浮升流形成热分层区，热分层的形成阶段是热分层区向液体核心区扩展的过程。当液相为单相自然对流时，热分层可以稳定维持。

（2）在气、液相壁全加热情况下，大部分的气相壁加热能量没有被气相所吸收，由于气相区与液相区之间存在较大的温差，气相区的能量会向液相区传递，液面获得的热流密度最高。

（3）当液相的汽化速率较高时，其汽化形式以沸腾为主。壁面上出现的核态沸腾使饱和层液体的对流速度大大提高，饱和液体层对下层过冷液体的扰动卷吸作用加速了热分层的消除。

（4）未被直接加热的气相壁温度较低，其内壁面上附着的冷凝液使其附近的蒸气处于饱和温度，当气相壁上的冷凝液蒸干后，此区域的蒸气才会迅速升温。

（5）容器壁与介质存在温度耦合关系。在恒定热流下，同一高度的容器壁与介质的温度同时变化，二者的温差保持恒定。

3 液化气体热分层的影响因素研究

通过第 2 章的试验研究，得到了热分层形成及消除的机理。基于第 2 章的理论分析，本章将通过一系列变参数条件下的热响应试验，探讨热响应过程中的外部热源及内部介质的参数变化对热分层的影响规律。

3.1 加热区域对热分层的影响

试验 HW_3～HW_6 的充装率、热流密度均相同，介质的初始温度基本一致，加热区域下边缘均为容器的直筒段与下封头交界处，加热区域上边缘采用了 4 种高度，具体试验条件见表 3-1。

表 3-1 试验 HW_3～HW_6 的初始条件

代号	介质	试验容器	加热区上缘高度/mm	液位高度/mm	充装率/%	热流密度/($kW \cdot m^{-2}$)	介质初始温度/℃
HW_3	水	立式圆筒	508	328	48.5	10	15.5
HW_4	水	立式圆筒	448	328	48.5	10	18.2
HW_5	水	立式圆筒	364	328	48.5	10	21.6
HW_6	水	立式圆筒	292	328	48.5	10	17.0

C_3 为气相测点，将 4 组试验中 C_3 的温度 T_3 放在图 3-1 中比较；C_1、C_2 为液相测点，将 C_1、C_2 的温度 T_1、T_2 放在图 3-2 中比较。由于各试验的初始温度差别较小(最大温差为 5 ℃)，初始温度的差异对升温的影响可忽略。为了方便对比，图 3-1 和图 3-2 中的各温度曲线以各自试验中 C_1 测点的初始温度值作为零点进行标定。

从图 3-1 可看出，试验 HW_3 中的气相温度在 3 100 s 左右出现突跃升高，而其他几组试验的气相温度均稳定升高。根据第 2 章的试验 HW_1 发现如下规律：在热响应试验开始较长一段时间内，气相温度会和液面温度一致，然后气相

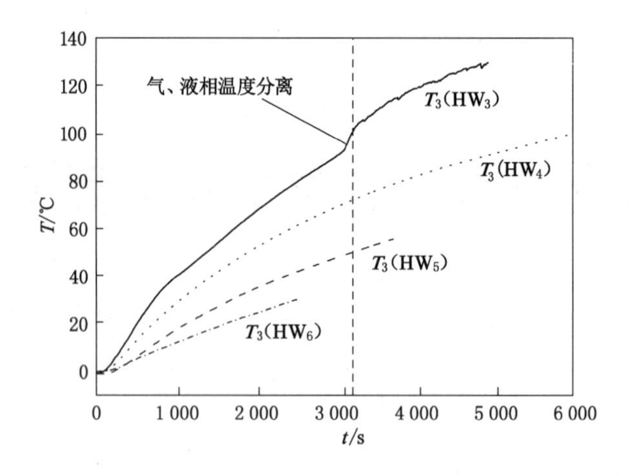

图 3-1 试验 HW_3～HW_6 中 T_3 曲线比较

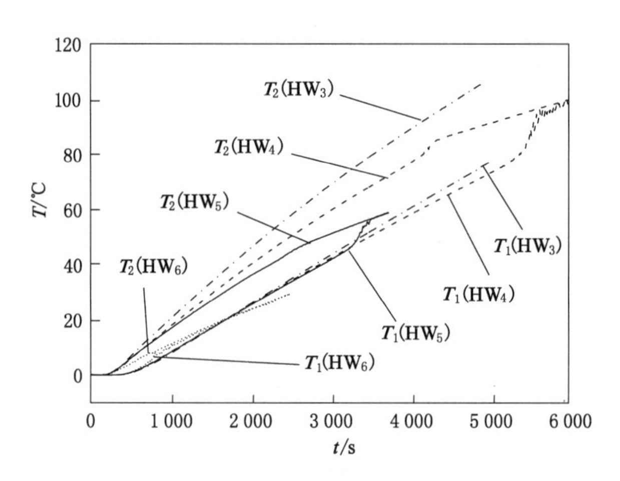

图 3-2 试验 HW_3～HW_6 中 T_1、T_2 曲线比较

温度才会突跃升高超过液相温度。由此可推断出，试验 HW_3 在 3 100 s 后 T_3 测点处的气相成为过热态而迅速升温，在 3 100 s 之前测点 C_3 的温度等于液面温度；其他几组试验的气相壁受热较试验 HW_3 弱，试验中的气相温度均等于液面温度。

对比试验 HW_3～HW_6 中液相区 C_1、C_2、C_3 3 个不同高度处的温度曲线，可得出加热区域对液相热分层的影响规律：

（1）液面的升温速率随着气相受热面积的增大而增大。

（2）对于气相壁受热的试验 HW_3～HW_5，下层液体的升温速率相差不大。

对于气相壁不受热的试验 HW_6，下层液体的升温速率明显低于气相壁受热的试验。

(3) 4 组试验中的液相均出现了热分层，液相的热分层度及热分层的维持时间均随加热区域上缘高度的降低而降低。

试验中的加热源在固定热流密度的同时改变加热区域，是对实际热源的一种简化，主要是为了反映容器壁不同区域的加热强度这一主要因素，这也是热响应模拟试验相对于储罐火灾试验的一种优势。若加热区内的热流密度为非均匀分布，自然会对试验结果有一定的影响，但并不影响这里得出的通用性结论。

试验 HW_3～HW_5 为气、液相壁均受热的情况。根据第 2 章的热响应试验及分析，当气、液相壁同时受热时，气相区会向液面传输热流，液面附近的热流密度最大。更大的气相壁受热面积意味着更强的气相区受热，从而导致更强的液面热流密度，这是试验 HW_3～HW_5 中液面升温速率、热分层度、热分层维持时间均随加热区域增大而增大的原因。而气相向液相的传热主要集中在液面附近，对距液面较远的下层液体影响不大。

试验 HW_6 为仅部分液相壁受热的情况。液面不仅没有来自气相区的热量输入，而且还要提供气相区增加的能量和其向外部空间散失的能量。又由于液面没有受到侧壁加热，液面的升温需要吸收边界层热流体的热量。这些因素导致液相壁单独受热条件下的热分层度及热分层维持时间远低于气、液相壁全受热时的结果。

3.2 充装率对热分层的影响

试验 HW_1、HW_7 的加热条件和介质条件基本相同，分别采用了 58% 和 39% 的充装率，具体试验初始条件见表 3-2。

表 3-2 试验 HW_1、HW_7 的初始条件

代号	介质	试验容器	充装率 /%	介质初始温度/℃	热流密度 /(kW · m^{-2})	液位高度 /mm	液位测点	加热高度 /mm
HW_1	水	立式圆筒	58	33.5	10	388	C_3	73～583
HW_7	水	立式圆筒	39	20.4	10	268	C_2	73～583

试验 HW_1 的介质温度、外壁温度的变化曲线见第 2 章的图 2-7、图 2-11，试验 HW_7 的介质温度、外壁温度的变化曲线见图 3-3。对比 2 组试验中的上层液体(均取 12 cm 厚，即两个内部热电阻间的深度)的温度梯度，试验 HW_1 中最大达到

2.5 ℃/cm,试验 HW_7 中最大达到 3.3 ℃/cm,所以试验 HW_7 中的上层液体形成的温度梯度更大。试验 HW_1 中上层液体的热分层在 4 500 s 左右已消除,试验 HW_7 在试验结束时仍未观察到液体热分层的消除。图 3-4 对比了试验 HW_1、HW_7 中的液相热分层度 η,可看出试验 HW_7 中的热分层度明显高于试验 HW_1 中的热分层度。通过对比 2 组试验中液相区的温度梯度、热分层维持时间、热分层度,可看出试验 HW_7 中的热分层比试验 HW_1 中更为明显且维持时间更长。

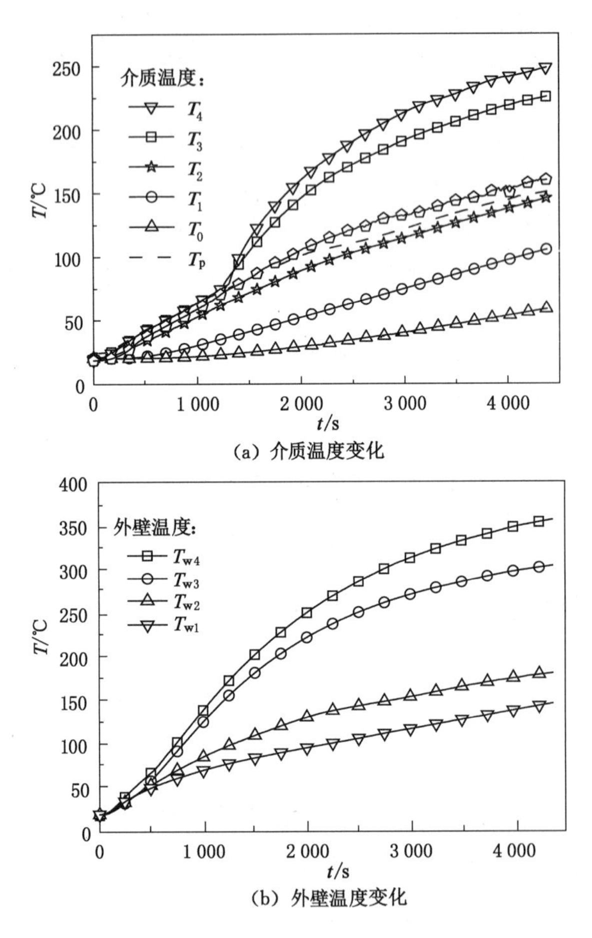

(a) 介质温度变化

(b) 外壁温度变化

图 3-3 试验 HW_7 的介质及外壁温度变化

对比 2 组试验的外壁温度变化,可知试验 HW_7 中的气相壁温度明显高于试验 HW_1 中的气相壁温度。在试验 HW_1 中,气相壁 C_{w4} 测点处的温度 T_{w4} 最后达到 290 ℃,且增速已非常缓慢;试验 HW_7 中同一位置的壁温达到 356 ℃,且明显增高。2 组试验的对比表明,液位的降低导致了气相壁受热增强,气相壁

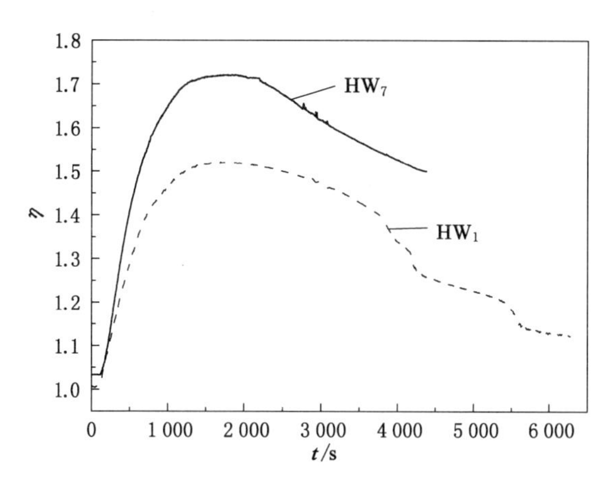

图 3-4 试验 HW_1、HW_7 中的液相热分层度对比

的受热增强使得液面输入热流加大,从而增大了液相的热分层程度,这与3.1节的结论是一致的。

需要指出的是,充装率的改变不仅影响气相区的受热面积,还影响液相介质的量。当2组试验中的充装率差别很大时,热分层程度不能简单地用液相热分层度、温度梯度、分层维持时间等参数进行对比,并且对比的意义也不大。

3.3 热流密度对热分层的影响

3.3.1 热流密度对升温速率的影响

试验 HR_1～HR_3 使用了介质R22,各试验的充装率、加热区域相同,分别采用了1.7 kW/m^2、3.4 kW/m^2、5.0 kW/m^2 3种热流密度,试验初始条件见表3-3。3组试验的热响应曲线分别见图3-5～图3-7。

表 3-3 试验 HR_1～HR_3 的初始条件

代号	介质	试验容器	热流密度/($kW\cdot m^{-2}$)	介质初始温度/℃	充装率/%	液位高度/mm	加热高度/mm
HR_1	R22	立式圆筒	1.7	26.9	48.5	328	73～735
HR_2	R22	立式圆筒	3.4	16.0	48.5	328	73～735
HR_3	R22	立式圆筒	5.0	21.6	48.5	328	73～735

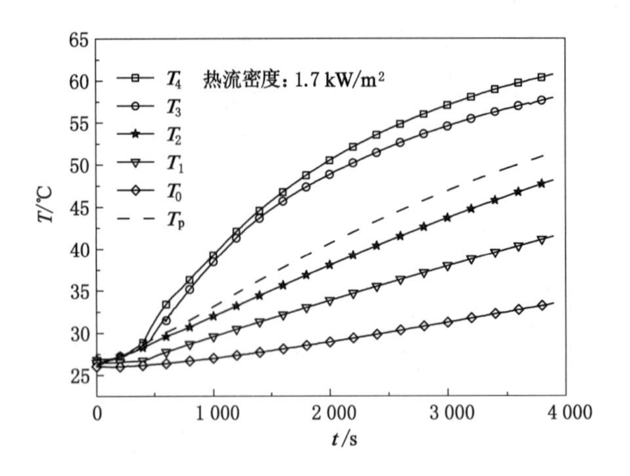

图 3-5 试验 HR_1 中的介质温度变化

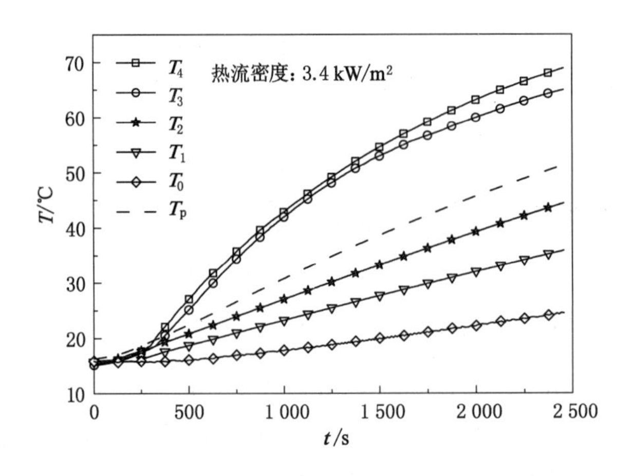

图 3-6 试验 HR_2 中的介质温度变化

此系列试验的全部侧壁均受热，使得液相区的热分层非常明显。由于 R22 介质的压力较高，考虑到试验过程中的安全问题，加热时间较短，3 组试验结束时的液相热分层均处于稳定发展阶段，未出现热分层消除。T_1、T_2 分别为液相 C_1、C_2 高度处的温度。T_p 为容器内介质饱和温度，可视为液面温度。在热分层稳定发展阶段，3 组试验的液相温度均近似呈线性升高，表 3-4 显示了 T_p、T_1 和 T_2 在稳定升高阶段各自的增长速率。

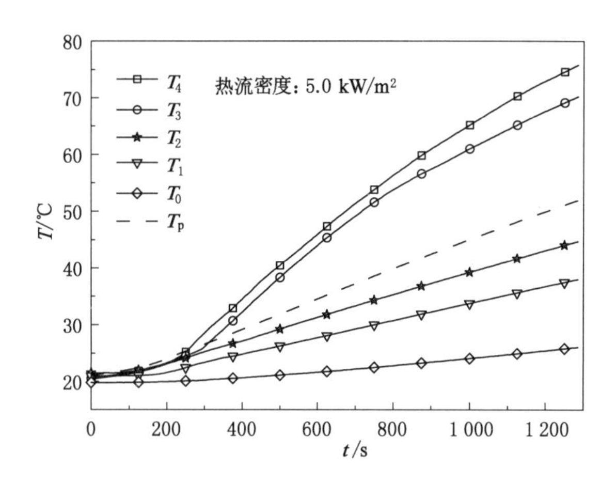

图 3-7 试验 HR_3 中的介质温度变化

表 3-4 变热流密度下液相的升温速率

代号	热流密度 /(kW·m^{-2})	T_p 增长速率 /(℃·s^{-1})	T_2 增长速率 /(℃·s^{-1})	T_1 增长速率 /(℃·s^{-1})
HR_1	1.7	0.006 59	0.005 72	0.004 16
HR_2	3.4	0.014 89	0.012 15	0.008 79
HR_3	5.0	0.025 72	0.019 70	0.015 02

热流密度与液相各点升温速率的关系如图 3-8 所示。由图可知，液相各点的升温速率与热流密度基本呈线性关系。由于容器存在空间散热，实际热流密度低于表 3-4 中的理想热流密度。若排除实际热流密度与理想热流密度存在的偏差，认为液相各点升温速率与热流密度成正比。在热分层稳定发展阶段，液相区各点温度均随时间线性升高，因此各点间的温度差也随时间线性升高。由此可以得出，液相各点间温差的增大速率也与热流密度成正比。

3.3.2 热流密度对沸腾扰动的影响

试验 HW_8～HW_{10} 中以水为介质，充装率、加热区域均相同，分别采用了 5 kW/m^2、10 kW/m^2、40 kW/m^2 3 种热流密度，具体试验初始条件见表 3-5。3 组试验的液相温度变化曲线分别见图 3-9 至图 3-11。

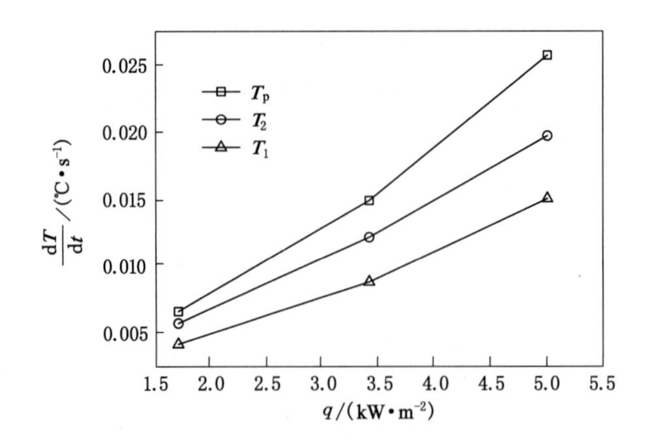

图 3-8　热流密度与液相升温速率关系

表 3-5　试验 HW_8～HW_{10} 的初始条件

代号	介质	试验容器	热流密度/(kW·m^{-2})	介质初始温度/℃	充装率/%	液位高度/mm	加热高度/mm
HW_8	水	立式圆筒	5	11.3	48.5	328	73～328
HW_9	水	立式圆筒	10	17.0	48.5	328	73～328
HW_{10}	水	立式圆筒	40	8.5	48.5	328	73～328

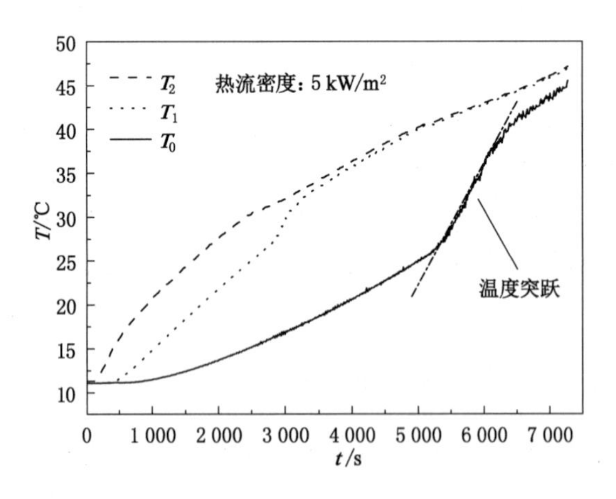

图 3-9　试验 HW_8 中的液相温度变化

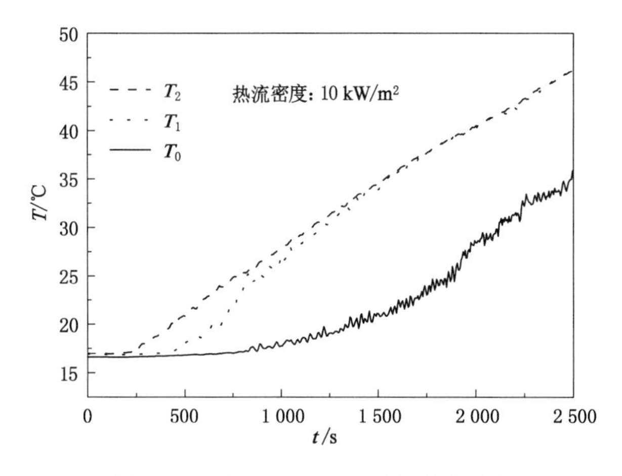

图 3-10 试验 HW_9 中的液相温度变化

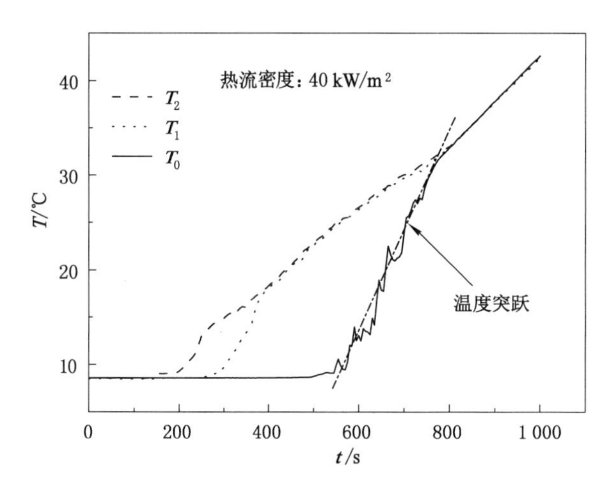

图 3-11 试验 HW_{10} 中的液相温度变化

图 3-9～图 3-11 显示，液相在受热初期会产生一定热分层，随着加热的进行，液相筒体区的内部温差、下封头区与筒体区的温差会依次消除。此 3 组试验仅液相区的圆筒侧壁受热，气相壁和下封头均不受热，根据 3.1 节的分析，气相壁不受热时液相的热分层度及热分层维持时间都较小，因此这 3 组试验主要体现了热分层的消除阶段。由于从加热器通电到介质开始升温有一段过渡时间(200～300 s)，将此过渡段的结束点作为热响应的初始点。表 3-6 对 3 组试验中液相不同位置的温差及温差维持时间进行了对比。

表 3-6 试验 HW_8～HW_{10} 中液相温差对比

代号	热流密度/$(kW \cdot m^{-2})$	C_1、C_2 两测点间最大温差/℃	C_1、C_2 两测点间温差维持时间/s	C_0 与液相筒体区温差维持时间/s
HW_8	5	6.0	3 070	7 300
HW_9	10	3.4	740	—
HW_{10}	40	5.5	175	565

试验 HW_8～HW_{10} 的结果显示，热流密度越大，液相筒体区内的温差、封头区与筒体区之间的温差维持的时间越短。以上几组试验的温度曲线均显示，分层消除的过程中出现了下层液体温度的突跃，且热流密度越大，下层液体在温度突跃时的升温速率越大。根据第 2 章的分析，沸腾驱动下的扰动可引起过冷液体的温度突跃升高。试验中可听到容器内部有气泡破裂的声音，且声音越来越密，这也说明下层液体的温度突跃升高是沸腾气泡扰动作用的结果。试验 HW_{10} 中的热流密度是试验 HW_8 中的 8 倍。试验 HW_{10}、HW_8 中的下封头区 C_0 测点的温度突跃速率分别为 0.106 0 ℃/s、0.013 8 ℃/s，前者约是后者的 8 倍。2 组试验结果对比说明，热流密度越大，沸腾产生的扰动越强，热分层越容易消除。沸腾的扰动不仅影响加热区（直筒段）的液体，还影响到未加热区（下封头）的液体，使过冷液体的温度突跃升高至饱和温度。

3.4 介质初始温度对热分层的影响

3.4.1 介质初始温度对液相沸腾的影响

在立式圆筒容器上进行不同初始温度条件下的试验 HW_{11}～HW_{14}，在可视容器上进行不同初始温度条件下的试验 HS_2 和 HS_3，具体试验的初始条件见表 3-7。

表 3-7 变初始温度热响应试验的初始条件

代号	介质	试验容器	加热高度范围/mm	液位高度/mm	充装率/%	热流密度/$(kW \cdot m^{-2})$	介质初始温度/℃
HW_{11}	水	立式圆筒	73～508	508	77	5	23.5
HW_{12}	水	立式圆筒	73～508	508	77	5	32.7

表 3-7(续)

代号	介质	试验容器	加热高度范围/mm	液位高度/mm	充装率/%	热流密度/(kW·m^{-2})	介质初始温度/℃
HW_{13}	水	立式圆筒	73～508	508	77	5	46.5
HW_{14}	水	立式圆筒	73～508	508	77	5	57.1
HS_2	水	可视容器	0～404	404	67	6	13.8
HS_3	水	可视容器	0～404	404	67	6	55.3

1）变初始温度条件下的热分层对比

试验 HW_{11}～HW_{14}的充装率、加热区域、热流密度均相同，介质初始温度由低到高。由于容器内气相压力为液面温度对应的饱和蒸气压，不同的介质初始温度也导致了不同的气相初始压力。试验 HW_{11}～HW_{14}的液相温度曲线见图 3-12。从图中可以看出，各试验中的液相均出现了温度梯度并逐渐消除，但液相在不同初始温度下形成的温度梯度大小及其维持时间有较大不同。用液体内部 C_1、C_4 两测点间的温度差 $\Delta T_{1,4}$ 描述热分层程度，各试验中 $\Delta T_{1,4}$结果如图 3-13 所示。从图中可以看出，初始温度越高，介质内部产生的温度梯度越小，温度梯度维持的时间越短。通过对比 4 组试验的温度响应曲线可发现，热分层完全消除时的介质温度接近，介于 72～75 ℃。

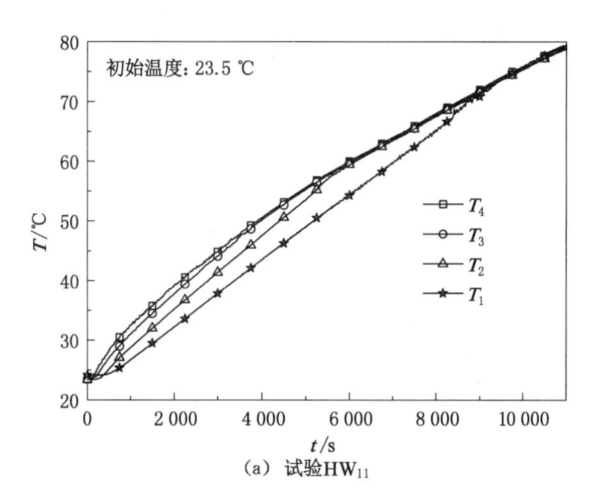

(a) 试验HW_{11}

图 3-12　试验 HW_{11}～HW_{14}的液相温度曲线

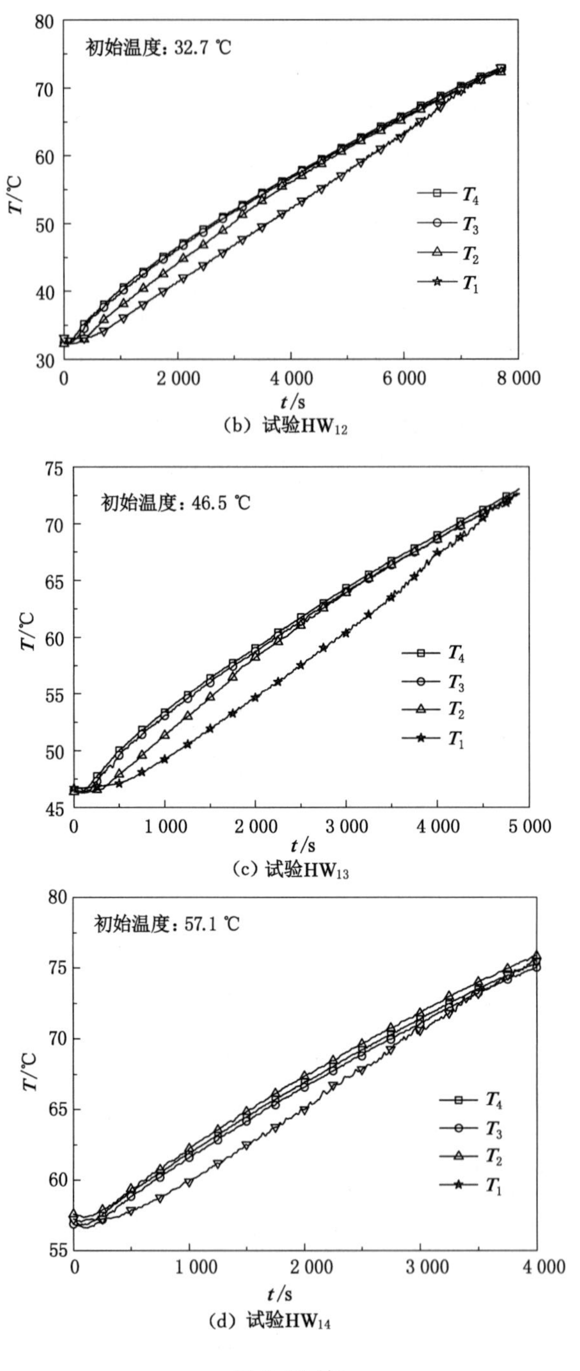

(b) 试验HW_{12}

(c) 试验HW_{13}

(d) 试验HW_{14}

图 3-12(续)

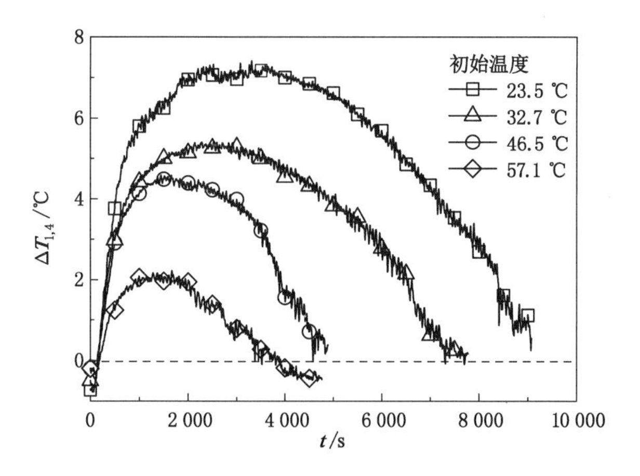

图 3-13 试验 HW_{11}～HW_{14}的液相温差比较

2）变初始温度热响应可视化观测

试验 HS_2、HS_3 的充装率、加热区域、热流密度均相同，介质初始温度分别为 13.8 ℃、55.3 ℃。2 组试验的温度曲线见图 3-14。

由图 3-14 可以看出，试验 HS_3 中的热分层消除速度远快于试验 HS_2。C_2 测点以上的液体温差在试验 HS_2 中维持了大约 5 000 s，而在试验 HS_3 中只维持了约 1 500 s。同时还发现，2 组试验中的饱和液体层扩展到 C_2 测点深度时，液面温度比较接近，介于 60～65 ℃。

通过玻璃视窗观察实验 HS_2 中的内容介质，0～1 800 s 液相主体无明显变化，根据内壁面附近微小悬浮物的向上移动可判断出壁面附近存在受热上升的热流体。1 800 s 附近，液面以下 5 cm 范围的内壁上出现了间断的气泡，液相主体区无明显变化。随着加热进行，气泡成核点增多且成核区域向下扩展，液相饱和层的对流速度逐渐增大。当 C_2 测点的温度追上液面温度时，气泡成核区扩展至 C_2 测点。在试验 HS_3 中，290 s 左右在 C_2 测点附近的内壁上出现沸腾气泡，随着加热进行，内壁面上气泡核点的密度越来越大，壁面上气泡成核区域的核化点大都均匀分布。

3）讨论

在立式圆筒容器上进行的试验 HW_{11}～HW_{14} 和在可视容器上进行的试验 HS_2、HS_3 呈现相同的试验规律：水的初始温度越高，热分层度越小，热分层的维持时间越短。在恒热流加热下，液面温度线性升高，气相升压速率随之增大，从而导致汽化速率增大，随着汽化速率的增大，壁面上出现核态沸腾并逐渐加剧。试验 HS_3 相对于试验 HS_2 具有更高的液面初始温度，从而导致试验 HS_3 初期的汽化速率更高，故试验 HS_3 中出现沸腾的时间更早，沸腾的扰动作用使得试

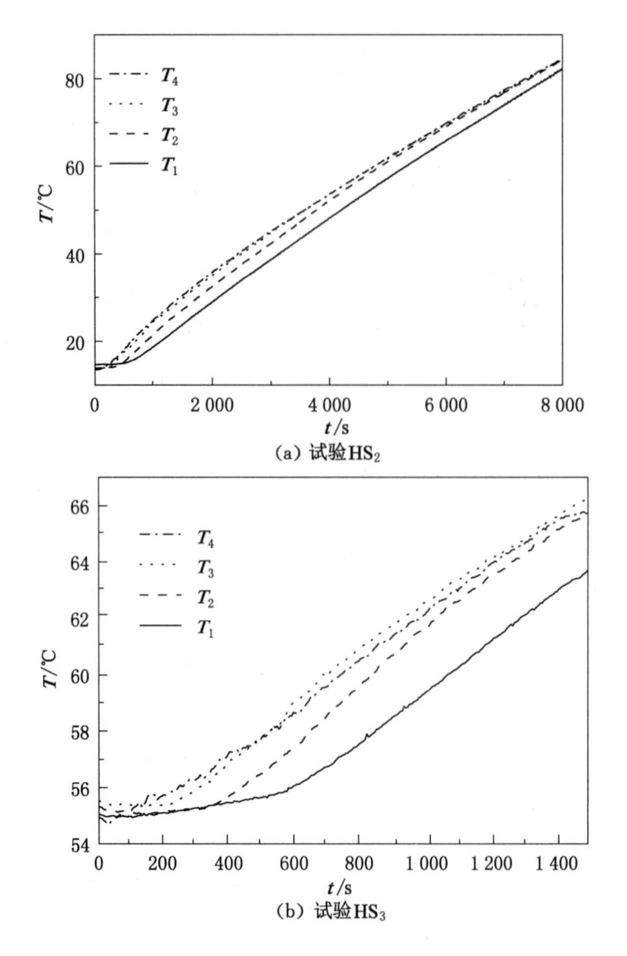

(a) 试验HS_2

(b) 试验HS_3

图 3-14　试验 HS_2、HS_3 中的介质温度变化

验 HS_3 中的热分层消除得更快。

试验 HS_3 中的核化点刚出现时就接近 C_2 测点，而试验 HS_2 中的核化点是从上向下逐渐扩展到 C_2 测点的。2 组试验中的加热热流基本均匀，不同高度处的液体温度差别较小，试验 HS_2 中核化区域的逐渐扩展应该与不同高度处液体的饱和温度不同有关。某高度处液体的饱和温度由此处的压力（气相压力加此处液柱静压）决定，不同高度处的液柱静压是不同的，故不同高度处液体的饱和温度也是不同的。上、下层液体饱和温度相差较大时，下层液体则很难出现沸腾。

液相区不同高度两点间的静压差 $\Delta p_{h1,h2}$ 可表示如下：

$$\Delta p_{h1,h2} = \rho g(h_2 - h_1) \tag{3-1}$$

式中，ρ 为液体密度；h_1、h_2 分别为两不同的水平高度。

两不同高度处的饱和温度差 $\Delta T_{ph1,h2}$ 表示如下：

$$\Delta T_{ph1,h2} = T_{ph1} - T_{ph2} \tag{3-2}$$

式中，T_{ph1}、T_{ph2}分别为 h_1 和 h_2 高度处液体的饱和温度。$\Delta T_{ph1,h2}$由 $\Delta p_{h1,h2}$和介质的饱和 p-T 曲线决定。试验 HW_{11}～HW_{14}的液位在 C_4 测点，C_1、C_4 两测点间的液柱静压差由 $\Delta p_{1,4}$表示，二者之间的饱和温度差由 $\Delta T_{p1,4}$表示。下面计算此液位下使用水和 R22 两种不同介质时的 $\Delta T_{p1,4}$。C_1、C_4 两测点间的垂直距离为 0.36 m，根据式(3-1)，在常温条件下(25 ℃)，以水和 R22 为介质时的 $\Delta p_{1,4}$分别为 3.6 kPa 和 4.3 kPa。当介质的饱和 p-T 曲线给定后，$\Delta T_{p1,4}$随气相压力 p 变化，而气相压力 p 由液面温度 T_s 决定。根据水和 R22 各自的饱和p-T曲线，两种介质条件下的 $\Delta T_{p1,4}$-T_s 关系曲线如图 3-15 所示。

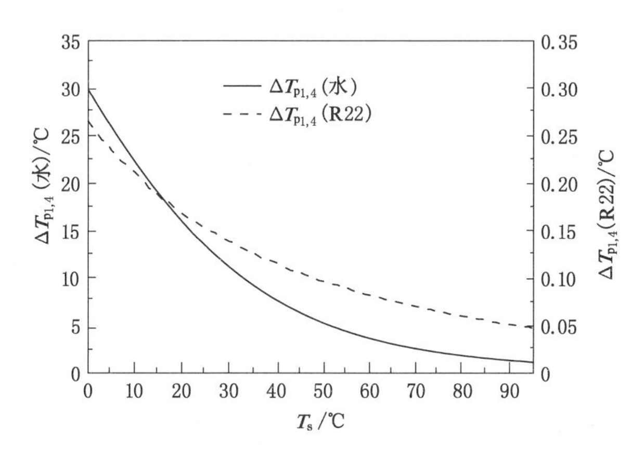

图 3-15　采用水和 R22 介质时的 $\Delta T_{p1,4}$-T_s 关系曲线

由图 3-15 可以看出，当 T_s 从 0 ℃增大到 95 ℃时，若采用水作为介质时，$\Delta T_{p1,4}$从 29.9 ℃减小到 1.1 ℃，若采用 R22 作为介质时，$\Delta T_{p1,4}$从 0.26 ℃减小到 0.05 ℃。研究表明，在当前的试验液位下，采用温度较低的水时，液柱静压对内部液体的饱和温度有较大影响；采用高温水或 R22 等高饱和蒸气压介质时，液柱静压对内部液体饱和温度的影响较小。

以试验 HW_{11}为例，试验初期 T_s 为 23.5 ℃，此时的 $\Delta T_{p1,4}$为 14 ℃。这意味着 C_1 高度处要达到与 C_4 高度处同等的沸腾强度，C_1 高度的壁面过热度至少要比 T_4 高度的壁面过热度提高 14 ℃；而在本试验中，液相侧壁的加热热流比较均匀，故在气相压力较低时下层液体是很难产生沸腾的。当气相压力逐渐增大时，以水作为介质，$\Delta T_{p1,4}$迅速减小，则下层液体较容易出现沸腾，下层液体沸腾产生的扰动作用将促使热分层消除。

综上所述，介质初始温度越高时，汽化速率就越高，沸腾强度就越大；气相压力、液柱静压和介质饱和 p-T 特性会影响不同深度处液体的饱和温度，进而影响液体的沸腾核化区域。液相的沸腾强度越大，沸腾核化区域扩展得越深，热分层越容易消除。

3.4.2 介质初始温度对传热的影响

热响应试验 HW_3 和 HW_{15} 中对气、液相壁都进行了加热，采用了不同的介质初始温度，具体试验初始条件见表 3-8。

表 3-8 试验 HW_3、HW_{15} 的初始条件

代号	介质	试验容器	加热高度/mm	液位高度/mm	充装率/%	热流密度/($kW \cdot m^{-2}$)	介质初始温度/℃
HW_3	水	立式圆筒	73～508	328	48.5	10	15.5
HW_{15}	水	立式圆筒	73～508	328	48.5	10	71.3

图 3-16 对 2 组试验的介质温度曲线进行了对比。图 3-17 比较了处于加热区域的 C_1～C_3 3 个测点及 C_{w1}～C_{w3} 3 个外壁面测点的温度差。其中，温度测点 C_1、C_2、C_{w1}、C_{w2} 处于液相区，C_3、C_{w3} 处于气相区。

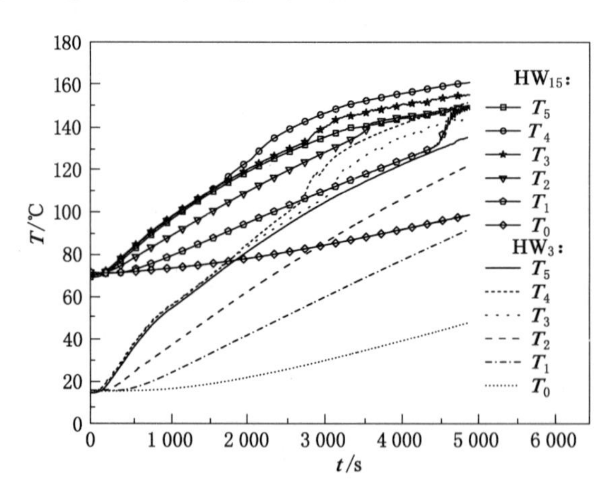

图 3-16 试验 HW_3、HW_{15} 内部温度

由图 3-16 可以看出，试验 HW_3 中介质内部各测点的升温速率均高于试验 HW_{15}。由图 3-17 可以看出，试验 HW_3 中各高度处的内外温差均大于试验

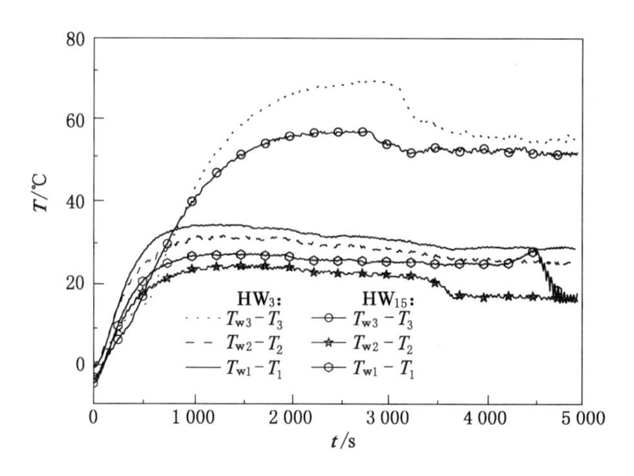

图 3-17 试验 HW_3、HW_{15} 内外温差

HW_{15}。2 组试验中介质升温速率和容器内外温差的差异说明，介质温度的升高导致了输入容器的热流密度减小。其原因在于，介质温度提高使得加热器温度也随之提高，导致容器向外界空间散热增大，从而减小了进入容器的热流密度。图 3-17 还体现了第 2 章中所描述的介质温度和壁温的耦合关系：在恒热流加热条件下，器壁与介质之间的温差保持恒定。

根据试验结果可得到以下推论：在热响应试验中，虽然加热热源为恒功率，但一部分热量会向外空间散失，只有一部分热量进入介质。介质的温度升高会增大容器的散热率，使进入容器的热量所占比例变小。如果不考虑加热器空间散热的影响，则认为输入热流密度不随介质温度变化而改变。当介质换热特性随温度变化不大时，相应点处的壁面与介质的温差应是恒定值。

3.5 介质物性对热分层的影响

不同介质存在物性上的差异，而介质物性的差异必然影响介质的传热传质，从而影响热分层。本节通过对比不同介质条件下的热响应试验，分析介质物性对热分层的影响。

3.5.1 介质物性对热流分布的影响

试验 HR_4 和 HW_{16} 的液位与外加热条件相同，试验介质分别为 R22、水，具体试验初始条件见表 3-9，温度响应曲线分别见图 3-18、图 3-19。

表 3-9　试验 HR_4、HW_{16} 的初始条件

代号	介质	试验容器	加热高度/mm	液位高度/mm	充装率/%	热流密度/(kW·m^{-2})	介质初始温度/℃
HR_4	R22	立式圆筒	73～735	388	58	5	13.9
HW_{16}	水	立式圆筒	73～735	388	58	5	10.8

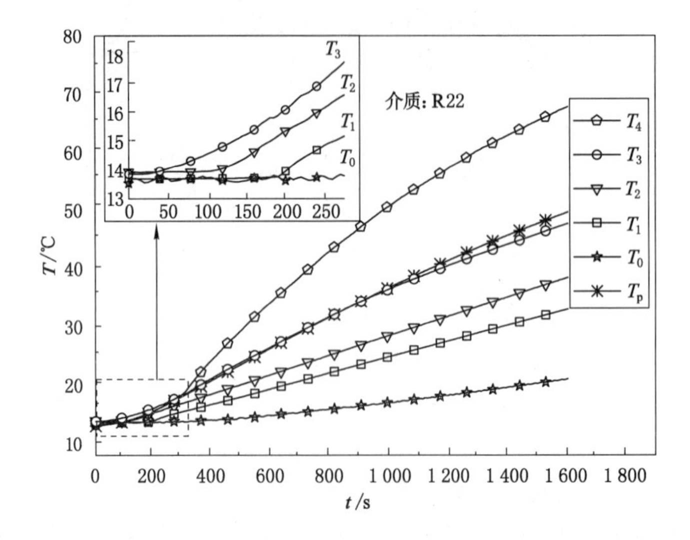

图 3-18　试验 HR_4 中的介质温度变化

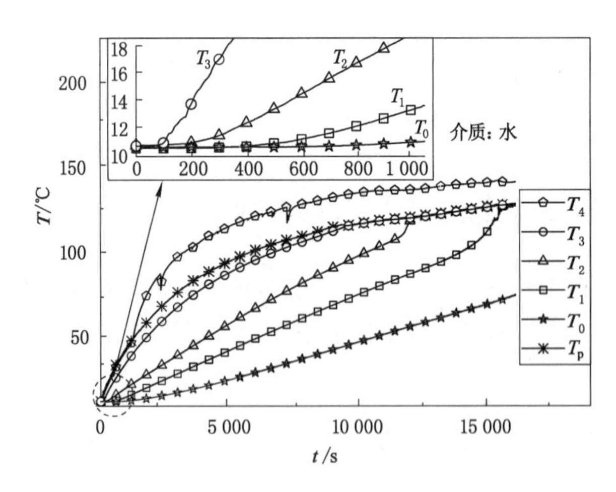

图 3-19　试验 HW_{16} 中的介质温度变化

2.3.2 小节分析了气、液相壁全加热时被介质有效吸收的热功率，推断出了进入容器的热流在各区间的分配方式：气相区吸收的能量比例很少，气相区通过液面向液相区传递热量。采用 2.3.2 小节中的计算方法，由试验 HR_4 和 HW_{16} 的温度曲线得到 2 组试验中的 N_l、N_e 和 N_v，如图 3-20 和图 3-21 所示。

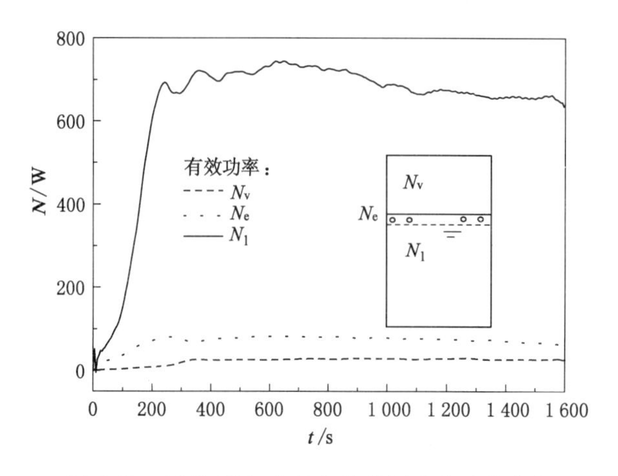

图 3-20　试验 HR_4 中的介质实际吸收功率分布

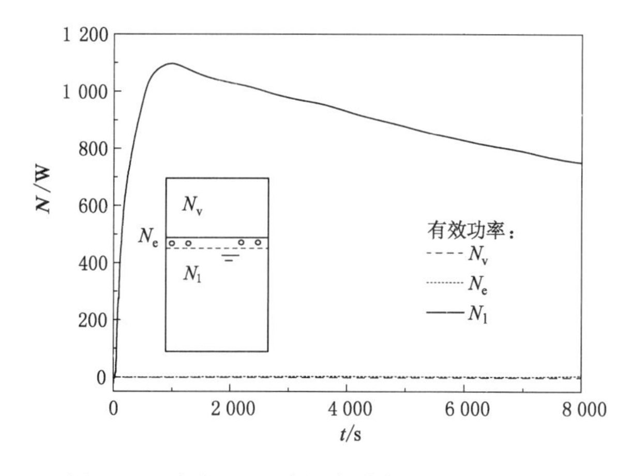

图 3-21　试验 HW_{16} 中的介质实际吸收功率分布

图 3-20 和图 3-21 均显示用于汽化和气相升温的热功率远小于用于液相升温的热功率。试验 HR_4、HW_{16} 中气相区和液相区的加热功率均为 1 500 W。当 2 组试验的传热达到稳定时，N_l、N_e 和 N_v 及三项之和 N_a 的值如表 3-10 所列。由表 3-10 可看出，2 组试验中被介质有效吸收的总热功率接近，但试验 HW_{16} 中的 N_v 和 N_e 均远小于试验 HR_4。2 组试验中气相吸热能力存在巨大差异的主要

原因在于 R22 的饱和蒸气压远高于水，因而试验 HR_4 中气相物质的量远高于试验 HW_{16}。试验 HW_{16} 中的气相吸热能力低于试验 HR_4，导致试验 HW_{16} 中的液面能吸收到更多的热流用于升温，从而有助于增大液相的热分层程度。

表 3-10　介质有效吸收功率对比表

代号	气相区热功率/W	液相区热功率/W	N_l/W	N_e/W	N_v/W	N_a/W
HR_4	1 500	1 500	662	75.9	27.6	766
HW_{16}	1 500	1 500	784	3.6	0.8	788

3.5.2　介质物性对热分层形成速度的影响

1）液相区温度梯度的变化分析

本节仍对以 R22、水为介质的试验 HR_4、HW_{16} 进行对比。3.5.1 小节的分析表明，试验 HW_{16} 中液面的输入热流密度高于试验 HR_4；但 3.1 节的试验表明，从气相区进入液相区的热量主要集中在液面，下层液体受气相传热的影响不大。因此，可认为 2 组试验中的下层液体输入的热流密度是相同的。

在稳定分层阶段，2 组试验中的下层液相区均为过冷态，侧壁加热使得液相区产生自然对流并形成热分层。用 C_1、C_2 两测点间的温差（$\Delta T_{1,2}$）来比较 2 组试验中下层液相区的热分层程度。图 3-22 显示了 2 组试验中的 $\Delta T_{1,2}$ 变化。由图可以看出，2 组试验中的液相温差在试验前期均经历 2 个阶段：先快速增长，然后稳定低速增长。快速增长阶段在试验 HR_4 中从 t_1 到 t_2，在试验 HW_{16} 中从 t_1' 到 t_2'，时间间隔大约分别为 80 s 和 800 s。如此悬殊的时间差距是导致在试验 HW_{16} 中温度梯度较高的一个重要原因。

2 组试验的温度曲线见图 3-18 和图 3-19。在 2 组试验的热分层初始形成阶段，液相均按照由上到下的顺序逐层从初始温度开始稳定升温，符合 2.3.1 小节中的热分层形成过程分析。在以 R22 为介质的试验 HR_4 中，各层液体从初始温度到稳定升温之间的分界点较清晰，图 3-22 中的 t_1 和 t_2 分别是试验 HR_4 中 C_2 和 C_1 两高度处的液体开始升温的时间。在以水为介质的试验 HW_{16} 中，各层液体从初始温度到线性升温之间有一定时间的过渡。t_1' 为 C_2 水平液体开始升温的时间，t_2' 为 C_1 水平液体达到稳定线性升温时间。t_2'' 处于 t_1'、t_2' 之间，可作为 C_1 水平液体开始升温的时间。综合图 3-18、图 3-19、图 3-22 可以看出，在热分层初始形成阶段，下层液体的升温滞后于上层液体，使得液相区温度梯度快速增大。在以 R22 为介质的试验中，热分层初始形成阶段的时间远小于以水为介质的试验，这是导致以 R22 为介质时试验中液相区温度梯度小于以水为介质的

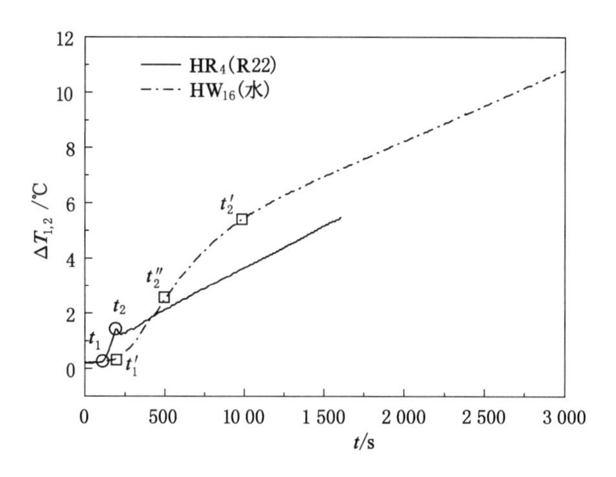

图 3-22　试验 HW_{16}、HR_4 中的液相温差 $\Delta T_{1,2}$ 比较

试验的重要原因。

2）热分层扩展速度计算分析

热分层的形成阶段即是热分层区向下扩展的过程，这一过程可用 2.3.1 小节中的热分层模型进行模拟。根据式(2-2)可计算出 2 组试验中分层区厚度随时间的变化，如图 3-23 所示，图中的 t_1、t_2、$t_1{}'$和 $t_2{}''$ 4 个时间点为 2 组试验中测得的分层区扩展到相应温度测点的大致时间。从图 3-23 可以看出，模拟结果与试验结果都显示，在以 R22 为介质的试验中，热分层的发展速度远快于以水为介质的试验。根据热分层数学模型，不同介质的物性差异导致了热边界层流速的差异，从而导致了热分层发展速度的差异，热分层发展速度越快，形成的温度梯度越小。

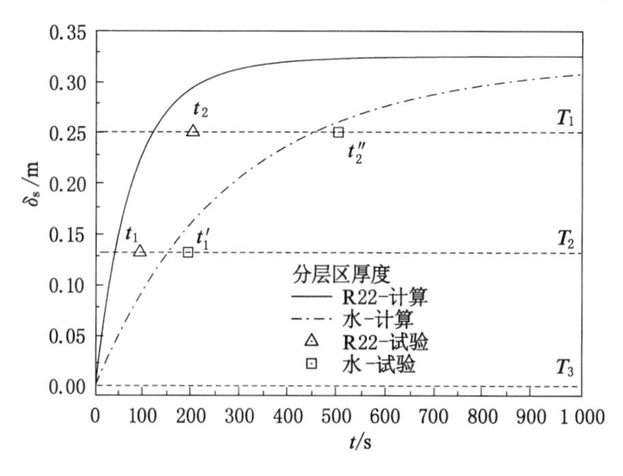

图 3-23　以 R22、水为介质试验时分层区的扩展速度

自然对流热边界层的流动状态可用 Gr 来衡量。这里采用输入热流密度 q_w 来表征 Gr（Gr^* 称为修正后的格拉晓夫数，$Gr^* = \frac{g\beta q_w l^4}{\lambda \nu^2}$）。根据试验 HR_4、HW_{16} 中的试验参数，当两种介质的温度均为 25 ℃时，可得出 2 组试验热边界层的 Gr^* 值分别为 4.0×10^{14} 和 1.7×10^{11}。这反映了试验 HR_4 中的浮升力的作用更强，边界层流体的流速更快，从而使得热分层区更快地向下扩展。

3.5.3 介质物性对气相温度的影响

前两节中以水为介质的试验 HW_{16} 显示，在加热开始后的较长时间内，虽然气相壁温远高于气相温度，但气相长时间处于饱和温度而未过热，2.2 节已经对这一现象进行了说明。然而在以 R22 为介质的试验 HR_4 中，气相经过很短时间就达到了过热。这里，将蒸气由饱和态变为过热态的时间称为气、液温度分离时间。表 3-11 中对比了多组热响应试验中的气、液温度分离时间。

表 3-11　各试验中的气、液温度分离时间

代号	HW_{17}	HW_{16}	HR_4	HL_1
介质	水	水	R22	LPG
液位高度/mm	388	388	388	388
加热高度/mm	73～583	73～735	73～735	73～735
热流密度/(kW·m^{-2})	5	5	5	5
气液温度分离时间/s	2 060	1 250	300	200
液面初始温度/℃	11.2	10.0	13.1	7.6
气液温度分离时液面升高温度/℃	37.5	27.8	4.5	3.0

由表 3-11 可以看出，介质条件和加热条件影响气、液温度分离时间。在相同的液位与加热条件下，以水为介质的试验 HW_{16} 中的气、液温度分离时间为 1 250 s，远大于以 R22、LPG 为介质的试验 HR_4、HL_1 中的 300 s、200 s。另外，以水为介质的试验中，气、液温度分离时的液面升温幅度远高于以 R22、LPG 为介质的试验。试验 HW_{16}、HW_{17} 均采用水为介质，差别在于气相加热面积，可以得出气相加热面积的加大缩短了气、液温度分离时间。

第 2 章分析了以水为介质时试验中的气相温度，推断出气相壁覆着的冷凝液阻碍了气相迅速升温，气、液温度分离时间应该主要由气相壁冷凝液的蒸干速度决定。试验 HW_{16} 中气相加热面积大于试验 HW_{17}，导致试验 HW_{16} 中气相壁受热较强，覆着的冷凝液较少，从而使试验 HW_{16} 中气相壁上的冷凝液被更快地蒸干，缩短了气、液温度分离时间。

冷凝液的蒸干速度由汽化速率决定。当气相空间一定时，汽化速率由液面升温速率和介质的饱和 p-T 特性决定。在常温下，水的饱和蒸气压随温度的增长率远低于 R22 和 LPG。针对分别以水和 R22 为介质的试验 HW_{16} 和试验 HR_4，根据各自试验中气相空间的温度曲线和压力曲线，用克拉伯龙方程可求得 2 组试验中气相空间的蒸气增加量随时间的变化。经计算，试验 HW_{16} 中气、液面温度分离时共蒸发 1.3 mL 液体，而试验 HR_4 中气、液面温度分离时共蒸发 62 mL 液体。这说明即使冷凝液很少，在以水为介质的试验中也需要较长的时间蒸干，而在以 R22 为介质的试验中，即使气相壁存在一定冷凝液，也会很快蒸干。因此，介质的物性影响气相壁上冷凝液的蒸干速度，从而影响气相温度。

3.5.4 介质物性对汽化速率的影响

试验 HW_{18}、HR_5、HL_2 中的加热区域上缘均低于液位，分别以水、R22、LPG 为介质，具体试验初始条件见表 3-12。

表 3-12 试验 HW_{18}、HR_5、HL_2 的初始条件

代号	介质	试验容器	加热区上缘高度/mm	液位高度/mm	充装率/%	热流密度/(kW·m^{-2})	介质初始温度/℃
HW_{18}	水	立式圆筒	280	328	48.5	10	10.8
HR_5	R22	立式圆筒	280	328	48.5	10	16.2
HL_2	LPG	立式圆筒	280	328	48.5	10	12.2

图 3-24 为试验 HW_{18} 的温度曲线。从图中可以看出，试验 HW_{18} 中未直接受热的下封头液相区温度较低，液相筒体区 C_1、C_2 两测点间温差最大达到 3 ℃，并且在2 000 s 后温差消除，气相区温度略低于液面温度。试验 HL_2 以 LPG 为介质，液相区温度曲线如图 3-25 所示。从图中可以看出，除未直接受热的下封头液相区温度较低外，液相筒体区温度基本一致。试验 HR_5 以 R22 为介质，温度变化曲线如图 3-26 所示。容器内气相区和液相区温度均无分层，气相区温度(C_3、C_4)比液相区温度(C_1、C_2)低 1 ℃左右。考虑到气相壁不受热，气相区温度低于液面温度应是气相区向空间散热的结果。

3.1 节中的变加热区域试验表明，液相壁单独加热条件下的液相热分层度

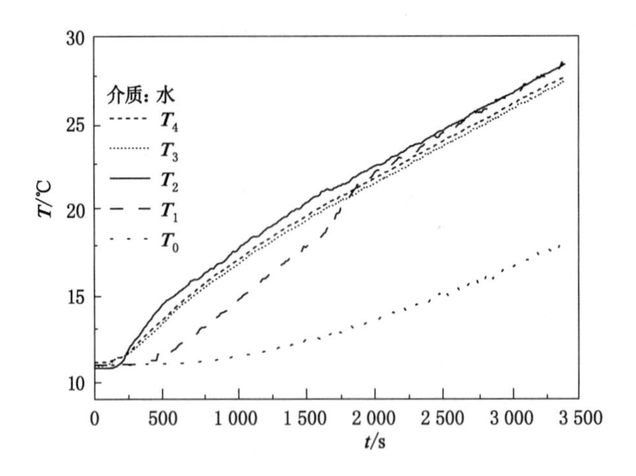

图 3-24 试验 HW_{18} 中的介质温度变化

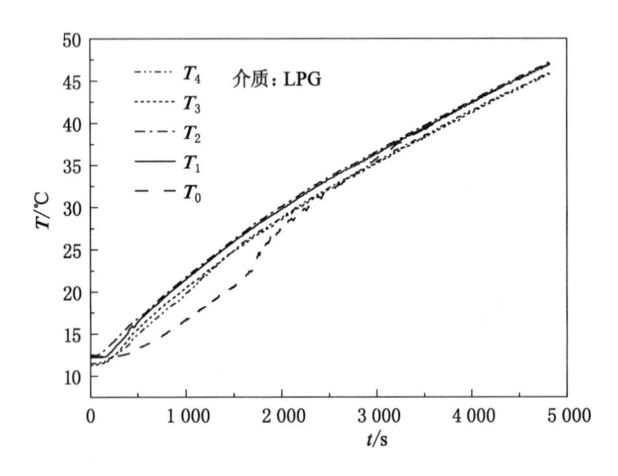

图 3-25 试验 HL_2 中的介质温度变化

较低，本节的 3 组试验都体现了这一规律；同时，这 3 组试验还体现了介质差异对热分层度的形成和维持有影响，R22 最难形成热分层，LPG 次之，水再次之。

由 3.4.1 节发现，气相压力影响沸腾的强度与沸腾核化区域范围，从而影响液相热分层。水、LPG、R22 3 种介质在常温下的饱和压力差距很大，有可能导致 3 组试验中液相沸腾强度及沸腾核化区域范围的差异。试验时，仅可对水的热响应过程进行可视化观测，无法观测 LPG、R22 的热响应过程。为对比 3 组试验中的汽化程度，采用摩尔汽化速率和汽化功率 2 个参量作为衡量指标。前者为单位时间内发生汽化的介质的摩尔量，后者为单位时间内气相焓的增加量。

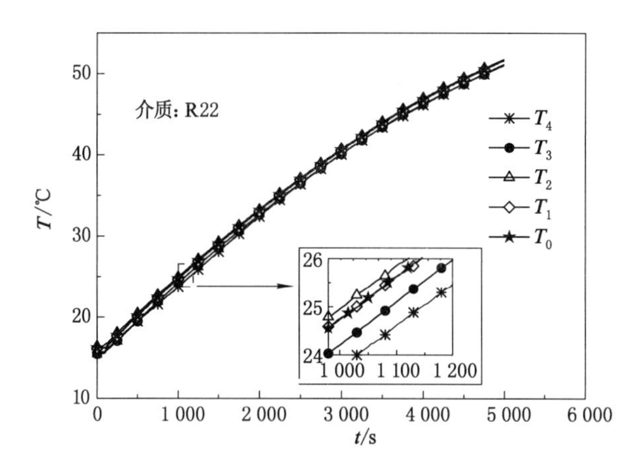

图 3-26　试验 HR_5 中的介质温度变化

根据 3 组试验中气相区的温度、压力结果，可以求得 3 组试验中气相区的摩尔量变化曲线和焓变化曲线，如图 3-27 和图 3-28 所示。

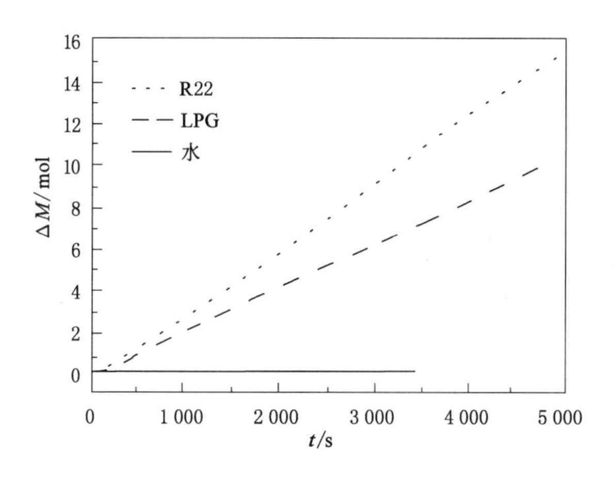

图 3-27　不同介质发生汽化的摩尔量比较

从图 3-27 可看出，3 组试验中摩尔汽化速率的差异：在以 R22 为介质的3 组试验中，摩尔汽化速率最高；在以 LPG 为介质的试验中，摩尔汽化速率次之；在以水为介质的试验中，摩尔汽化速率最小。根据水的可视化热响应试验，试验中水的汽化模式是前期蒸发、后期逐渐出现沸腾的过程。由于试验中 R22、LPG 的汽化速率远高于水，可判断出试验中 R22、LPG 沸腾出现得更早、更剧烈。从图 3-28 可看出，试验中水的气相焓的增长速率远小于 R22 和 LPG，而 R22 的气相焓增速率又高于 LPG。气相焓的增加量由液相汽化提供，气相焓增速率反映

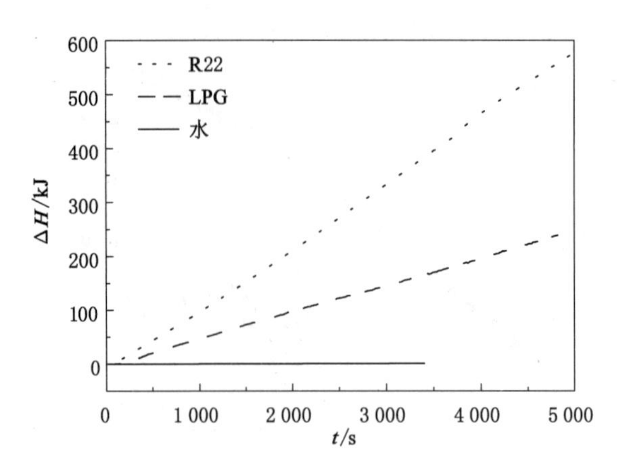

图 3-28　不同介质的气相焓增加量比较

了液相的汽化功率大小。因此，试验中 R22 的汽化功率最高，LPG 的次之，水的汽化功率最低。当液相的汽化以沸腾为主时，假定每个气泡核化点提供的功率是恒定的，更高的汽化功率说明核化点的密度更高。由此可以推断，试验中 R22 的气泡核化点密度最高，LPG 的次之，试验中水的气泡核化点密度最低。

通过 3.4.1 小节的分析表明，气相压力越大，液柱静压对下层液体饱和温度的影响越小。以 R22、LPG 为介质的试验 HR_5 和试验 HL_2 中气相压力较高，液柱静压对下层液相的沸腾抑制作用可忽略不计，使得沸腾核化点易出现在下层液体区。以水为介质的试验 HW_{18} 中气相压力较小，利用式(3-2)得到 C_1、C_2 两高度处液体的饱和温度差 $\Delta T_{p1,2}$ 从试验初期的 10.2 ℃变化到试验结束时的 4.7 ℃，说明在液柱静压作用下，试验 HW_{18} 中的下层液体不容易出现沸腾，这也是其液相热分层较明显的一个原因。

综合以上分析可知，3 组试验由于介质不同导致液相的沸腾强度与沸腾核化点分布存在差异，从而引起液相热分层的差异。

3.6　本章小结

本章进行了一系列储罐热响应试验，采用水、LPG、R22 3 种介质对加热区域、充装率、热流密度、介质初始温度等试验参数进行了调节。通过分析各组变工况试验，归纳出了各种因素对热分层的影响规律。主要结论如下：

(1) 当热流密度恒定时，加热区域的增大和液位的降低会使气相的受热强度增大，气相受热强度的增大会增大液相的热分层度及热分层的维持时间。

(2) 在热分层稳定发展阶段，液相各点温度线性升高，各点温升速率及各点间温差的增大速率均与热流密度成正比。在热分层消除阶段，热流密度越大，液相饱和层对过冷液体区的扰动越强，液相热分层消除得越快。

（3）当介质饱和蒸气压较低而液柱静压较大时，下层液体的饱和温度明显高于上层液体，从而使下层液体的沸腾受到抑制。对于无沸腾条件下的下层液体，其热分层不易消除。

（4）随着介质温度的升高，其空间散热率加大，从而使输入容器的热流密度减小。

（5）由于介质的物性不同，其对流传热特性及相变速率存在差异，从而对其热分层产生影响。介质的物性影响其气、液相的吸热能力，从而影响容器输入热流的空间分布；介质的物性影响边界层的流动，进而影响热分层区的发展速度；介质的不同物性导致热响应过程中不同的汽化速率，汽化速率影响气相壁上冷凝液的蒸发速度，进而影响气相温度；介质的物性影响热响应过程中的沸腾强度与沸腾核化点分布，进而影响热分层的消除速度。

4　液化气体储罐热分层过程数值模拟研究

基于一系列试验结果，第 2 和第 3 章对液化气体储罐的热分层规律和机理进行了分析，宏观上给出了热分层的形成、消失过程的合理解释。然而，当前的试验观测水平仅能针对宏观现象进行观测，还不能深入展示热响应的微观过程。随着数值模拟技术的成熟，可以克服试验条件的限制，辅助人们认识传热传质的微观过程。本章将结合试验和数值模拟 2 种研究手段，更深入地揭示液化气体热分层现象的内在机理。

4.1　研究方法与手段

4.1.1　研究思路

在液化气体储罐热响应研究方面，基于试验研究，研究者不断开发出液化气体的热响应计算模型。早期的计算模型多采用区域模拟的方法[36,118]。俞昌铭等[36]的模型可以模拟卧式储罐升温、升压、泄放直至失效的过程。针对卧式罐，俞昌铭等[37]运用积分法分析了自然对流边界层的发展，从而预测出边界层的厚度、流速及热分层区的发展速度。近年来，很多研究者借助 CFD 软件，采用更加精确的场模拟方法进行模拟储罐的热响应过程。邢志祥等[47]对外部火灾环境下液化石油气储罐的热响应进行了数值模拟研究，分析了储罐类型、充装率及热流密度对储罐热响应的影响。毕明树等[50]重点分析了不同火灾形式（池火、喷射火）、火焰侵袭角度、火焰温度等因素对储罐热响应的影响，通过对前人的火灾试验进行数值模拟研究，对储罐热响应过程的认识更加深入。任婧杰等[60]使用数值模拟方法研究了在耦合机制作用下液体内部的热分层消除过程，发现液面附近“循环涡”的不断向下扩展使得热分层逐渐消除。通过大量的试验研究和数值模拟研究，人们发现液化气体热分层过程涉及复杂的耦合传热与不平衡相变问题，其机理尚需深入研究。

为了方便机理研究，本书第 2、3 章使用了立式试验容器。然而，液化气体储罐多为球罐或卧式储罐，虽然不同储罐的热响应机理相同，但几何形状上的差异会对热响应过程产生一定的影响。本章将针对球形和卧式储罐（圆形截面储罐）的热响应进行研究。当前针对此类储罐的试验多为20世纪所做的火灾试验，试验条件可控、过程可重复的试验还不多，这也使得数值模拟研究缺乏足够的试验支撑。基于以上考虑，本章将新建卧式储罐热响应试验台，并对其建立数值计算模型，结合试验与数值模拟方法，研究卧式储罐在火灾条件下的热响应过程，从而为此类事故的预防提供理论指导。

4.1.2 卧式容器热响应试验装置

本章中使用的试验台如图4-1所示。本试验台包括以下几个部分：卧式容器、加热系统、压力及温度数据采集系统、计算机处理系统。

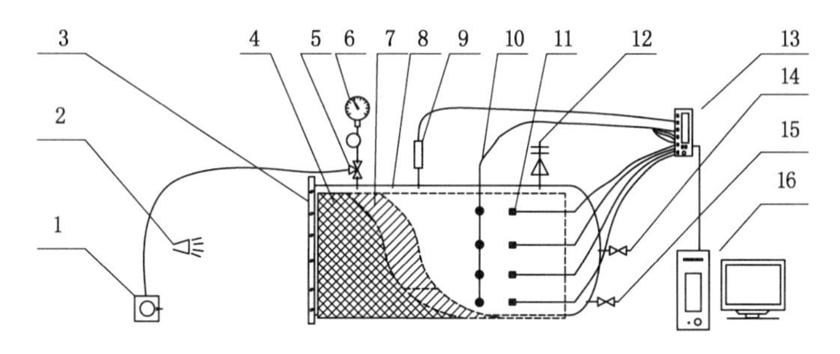

1—真空泵；2—光源；3—法兰；4—保温层；5—三通阀；6—压力表；7—加热片；8—容器本体；
9—压力变送器；10—内部热电偶；11—外壁热电偶；12—排气阀；13—采集卡；
14、15—阀门；16—计算机。

图4-1 卧式容器热响应试验台

试验台设计参数如下：容器的容积为50 L，直筒段长度为500 mm，内径为260 mm，一端为标准椭圆封头，另一端用法兰连接玻璃视窗。在容器直筒段外壁包覆了3片电加热片，每片可单独控制开关，并通过调压器改变其加热功率，加热片外包覆保温材料。容器侧壁安装了压力变送器和1支4点热电偶，4个测点 $C_1 \sim C_4$ 用于测量介质沿竖直方向的温度分布；外壁沿外壁径向安装了上、中、下3个热电偶，测点为 $C_{w1} \sim C_{w3}$。加热片的布置及各温度测点位置如图4-2所示。

考虑到试验过程的安全问题，容器用水作为介质。在水充装后对容器抽真空，使容器内的水、蒸汽处于饱和状态，以模拟实际储罐中的液化气体。试验方法与第2、3章基本相同，在此不在赘述。给加热器通电加热的同时，开始数据采集，并且从玻璃视窗观测和记录介质的流动及沸腾现象。

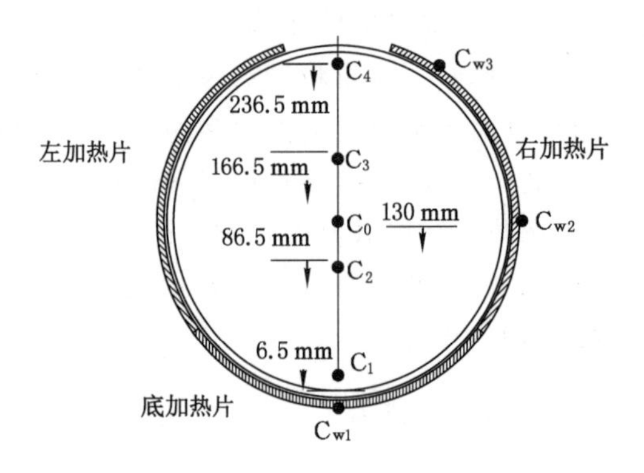

图 4-2　加热片与温度测点位置

4.1.3　热响应数值计算模型

根据 4.1.2 小节中的试验台参数，运用 ICEM CFD 及 Fluent 软件建立数值计算模型。

1）问题的简化

为了减小计算量，将圆柱形容器简化为二维模型。模型中的热源位置、温度测点位置完全按照试验实际参数设置，如图 4-2 所示。因为该模型对称，将中心轴设为对称边界，只计算一半区域。

2）数学模型

计算模型基于质量、动量、能量守恒方程，采用了流体体积（VOF）多相流模型、层流流动模型，通过 UDF 定义了介质的特性参数变化以及介质相变过程中的质量传递与能量传递。采用 SIMPLE 算法求解压力-速度耦合方程。外壁加热区域采用 30 kW/m^2 的恒热流边界条件。

基于 VOF 思想的液化气体储罐热响应计算模型的控制方程如下：

（1）质量守恒方程

在每个控制体内，气相与液相体积分数之和等于 1。即：

$$\alpha_v + \alpha_l = 1 \tag{4-1}$$

式中，α_v、α_l分别为气相体积分数和液相体积分数。

以液相体积分数为计算变量的质量守恒方程如下式：

$$\frac{\partial}{\partial t}(\alpha_l \rho_l) + \nabla \cdot (\alpha_l \rho_l \boldsymbol{u}) = \dot{m}_{vl} - \dot{m}_{lv} \tag{4-2}$$

式中，ρ_l、ρ_v分别为液相密度和气相密度；$\boldsymbol{u}$ 为速度矢量，包括径向和轴向两个速度分量；$\dot{m}_{lv}$、$\dot{m}_{vl}$分别为液相向气相的质量传递和气相向液相的质量传递。

（2）动量守恒方程

混合相的动量守恒方程为：

$$\frac{\partial}{\partial t}(\rho \boldsymbol{u}) + \nabla \cdot (\rho \boldsymbol{u}\boldsymbol{u}) = -\nabla p + \nabla \cdot \boldsymbol{\tau} + \rho \boldsymbol{g} \tag{4-3}$$

式中，ρ 为混合相的密度；$\boldsymbol{\tau}$ 为应力张量。

通过对每个控制单元内的密度进行加权平均来反映相的影响，则：

$$\rho = \alpha_l \rho_l + \alpha_v \rho_v \tag{4-4}$$

（3）能量守恒方程

混合相的能量守恒方程为：

$$\frac{\partial}{\partial t}(\rho E) + \nabla \cdot [\boldsymbol{u}(\rho E + p)] = \nabla \cdot (k \nabla T) + S_E \tag{4-5}$$

导热系数 k 与前述的密度一样，根据两相所占的体积分数加权平均；混合相的能量 E 是分析的能量 E_l 和 E_v 的质量加权平均，则：

$$E = \frac{\alpha_l \rho_l E_l + \alpha_v \rho_v E_v}{\alpha_l \rho_l + \alpha_v \rho_v} \tag{4-6}$$

$$E_l = \int_{T_{ref}}^{T} c_{p,l} \mathrm{d}T + u^2/2 \tag{4-7}$$

$$E_v = \int_{T_{ref}}^{T} c_{p,v} \mathrm{d}T - \frac{p}{\rho_v} + \frac{u^2}{2} \tag{4-8}$$

S_E 为相变过程中传递的热量，即：

$$S_E = h_{lv}(\dot{m}_{vl} - \dot{m}_{lv}) \tag{4-9}$$

式中，h_{lv} 为饱和液体的汽化潜热；$\dot{m}_{vl}$ 为介质冷凝过程中的传质速率；$\dot{m}_{lv}$ 为介质蒸发过程中的传质速率。

（4）相变模型

对储罐内部介质相变现象，通过自定义 UDF 函数的方法来实现其传质及传热过程。

当 $T \geqslant T_{sat}$ 时，为蒸发过程，此时的传质速率为：

$$\dot{m}_{lv} = \beta_l \alpha_l \rho_l \frac{T - T_{sat}}{T_{sat}} \tag{4-10}$$

当 $T \leqslant T_{sat}$ 时，为冷凝过程，此时的传质速率为：

$$\dot{m}_{vl} = \beta_v \alpha_v \rho_v \frac{T_{sat} - T}{T_{sat}} \tag{4-11}$$

在相变的过程中，传递的热量为：

$$S_E = (\dot{m}_{vl} - \dot{m}_{lv}) \cdot h_{lv} \tag{4-12}$$

3）网格划分

采用 ANSYS 旗下的 ICEM CFD 计算区域网格进行划分。采用结构化网格，对计算区域进行了分块，其中对核心流体区进行了 C 型剖分，使整个流体计算域均为规则的四边形网格。为了精确反映流体在容器边界附近的流动，在靠近内壁面的边界层网格进行了加密。计算网格划分如图 4-3 所示。通过对不同的网格密度进行计算对比，综合考虑计算精度或效率，最终采用总网格数约 3 000 的计算网格。

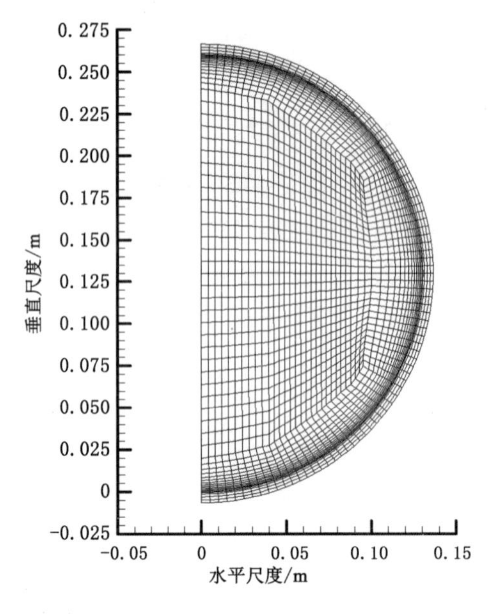

图 4-3　计算网格划分

4.2　数值计算模型验证

本书中用代号 HW_W 标记在卧式圆筒容器上完成的水加热试验。针对事故中常见的全包围火灾模式，在卧式容器试验台上进行试验 HW_{W1}。本次试验中液体充装度 50%，初始平均温度 20 ℃，采用 3 片加热片同时加热，加热器输入热流密度为 3 kW/m²。经过一段时间加热，得到了容器及内部介质热响应过程的温度和压力变化。

使用 4.1.3 节中建立的模型进行数值计算，根据以上试验参数确定数值计算的初始条件和边界输入条件。试验与数值模拟得到的介质温度曲线对比见图 4-4；壁温曲线对比见图 4-5。将测得的压力 p 根据水的 p-T 饱和曲线转化为

对应的饱和温度 T_p（T_p 基本相当于试验中的气液界面温度）。

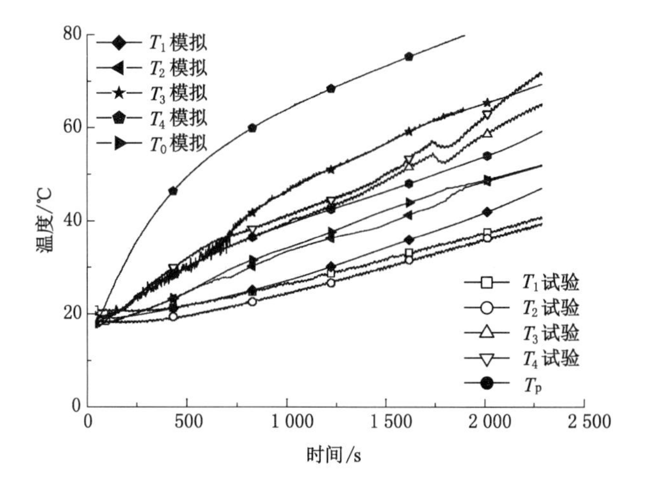

图 4-4　介质温度变化曲线（全加热）

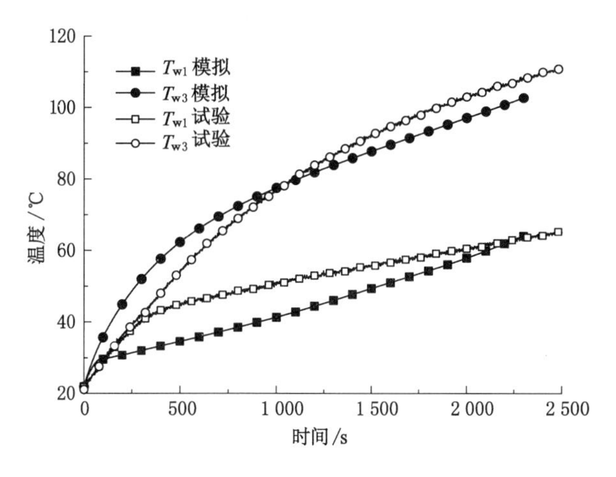

图 4-5　容器壁温度变化曲线（全加热）

由图 4-4 和图 4-5 可看出：

（1）试验与数值模拟得到的介质升温趋势基本相同，内部介质出现了明显的热分层，气相容器壁升温速率远高于液相壁。

（2）试验数据图和模拟数据图没有完全重合。其主要原因是试验条件和模拟条件存在一定偏差，如试验中的漏热、计算模型简化等。

综上所述，数值计算结果和模拟结果的变化趋势是基本一致的，书中的数值计算模型可以用来进行液化气体罐车的热响应分析。

4.3 热分层过程的数值模拟分析

4.3.1 变加热条件下的介质温度分布

参考事故中常见的底部加热火灾模式，在试验台上进行试验 HW_{W2}。本次试验中、液体充装度 50%，初始平均温度 18 ℃，采用一片底部加热片加热，加热输入热流密度为 3 kW/m²。根据此试验条件，用 4.1.3 小节中建立的模型进行数值计算。试验与数值模拟得到的介质温度曲线见图 4-6。

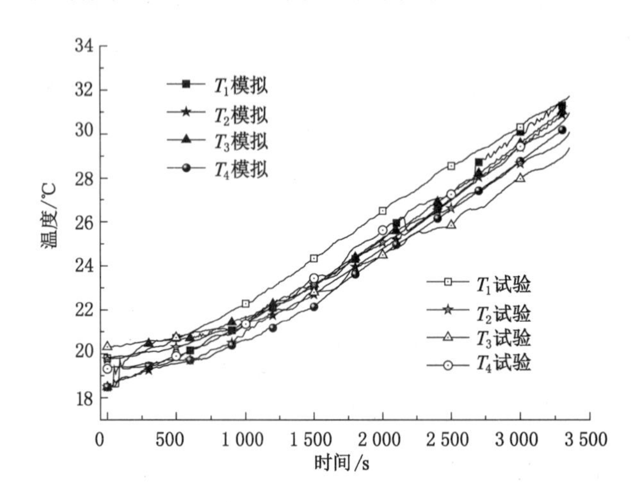

图 4-6 介质温度变化曲线(底部加热)

由图 4-6 可以看出，试验、数值模拟结果基本一致，介质升温趋势相同，在底部加热条件下内部介质没有出现明显的热分层。试验 1、试验 2 两种条件下温度曲线存在明显差别，说明加热区域对储罐热响应的影响很大，气相壁加热区域加热越强，介质的温度分层越明显。这与第 3 章立式容器的试验规律是一致的。

4.3.2 变加热条件下的热分层分析

通过对试验 1、试验 2 两种条件进行数值计算模拟，得到了计算区域内的多种数据参数。分别取试验 1 计算条件下的 1 750 s 时刻、试验 2 计算条件下的 2 750 s 时刻，对数值模拟得到的内部温度场和速度场进行分析。

图 4-7、图 4-8 分别为全加热、底部加热两种条件下的储罐介质和外壁的温度随高度的变化曲线。研究发现，两种加热条件下的垂直温度变化存在较大差别：全加热条件下的壁温与介质温度均随高度增大而迅速增大，壁温大于介质温

度;底部加热条件下外壁温度随高度增大而迅速减小,介质温度除最底部加热区较高,其余区域的温度基本一致,液相区外壁温度高于介质外壁温度,气相区介质温度高于外壁温度。这说明气相区的热量输入会显著提高气相温度,并维持热分层。

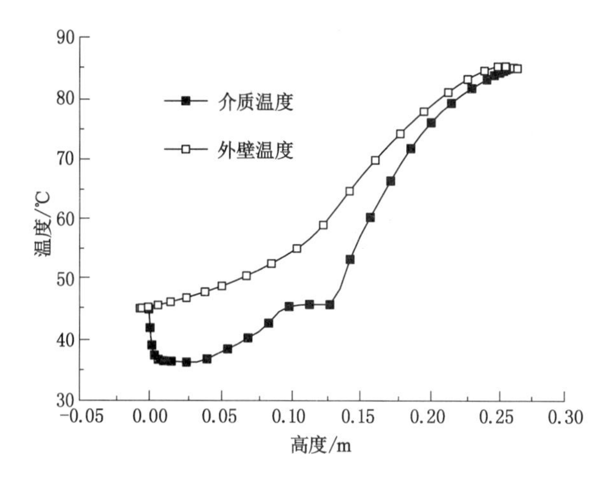

图 4-7 介质、外壁温度随高度变化(全加热)

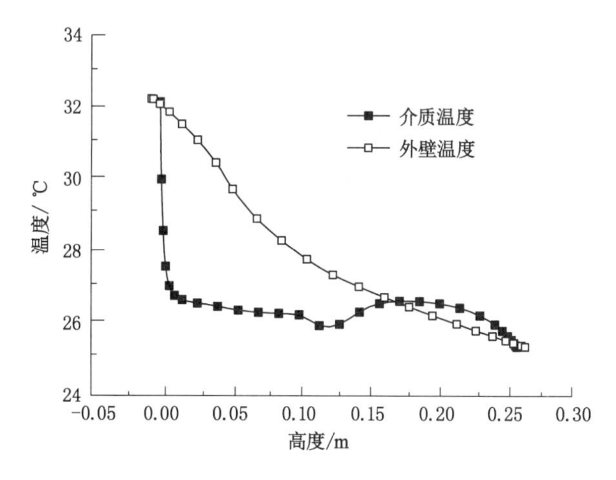

图 4-8 介质、外壁温度随高度变化(底加热)

图 4-9 为全加热、底部加热两种条件下的储罐介质和外壁的温度等值线对比图。从图 4-9(a)中可以看到介质的明显热分层现象,温度分布从下到上依次增大,壁面温度和介质温度的变化趋势基本一致,气相壁温度远高于液相壁温度。图 4-9(b)则显示底部加热条件下介质温度梯度不大。

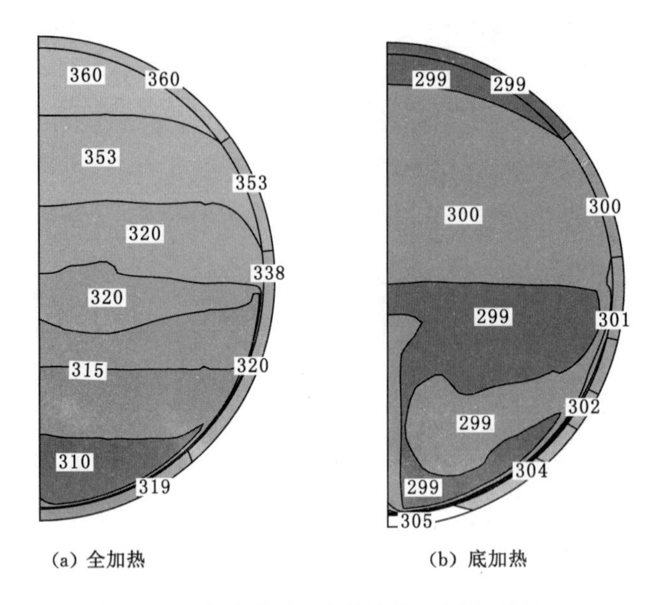

(a) 全加热　　(b) 底加热

图 4-9　介质、容器壁温度等值线对比图(单位:K)

图 4-10 为全加热、底部加热两种条件下罐内液相区的流函数等值线图,反映了液相区流场。针对热分层比较明显的全加热条件,图 4-11 显示了其自然对流速度等值线图和蒸发率等值线图。

图 4-11(b)表明,仅液面与内壁面交界处的液体存在蒸发汽化,其他区域的液体基本没有发生相变。由于液面与内壁面交界处的液体与高温壁面相接触,而且是壁面流的顶端,所以温度最高,最容易汽化,容器的饱和压力也与此处的温度平衡。

结合图 4-10(a)、图 4-11(a)可以看出,在容器壁全加热条件下,液体沿壁面形成"爬升流",一直上升到液面后,在液面附近形成"半循环涡"。壁面区与液面区存在较高速度的质量传递,而液体核心区液体流速很低,几乎不参与边界流与液面涡流之间的质量与能量传递。在此加热条件下,高温液体主要集中在液体表面,从而形成热分层区。图 4-10(b)表明,在容器底部加热条件下,热量输入主要在容器底部,"爬升流"只存在于容器底部附近,很难到达液面,而驱动液体核心区的是较高速度的反向"大循环涡",使得介质内部的温度分层很难保持。结合图 4-7、图 4-8 可知,两种加热条件下外壁面温度分布的差异是导致两者"爬升流"差异的根本原因,而两种加热条件下壁面附近不同的"爬升流"导致全加热条件和底部加热条件内部介质温度分层的较大差异。

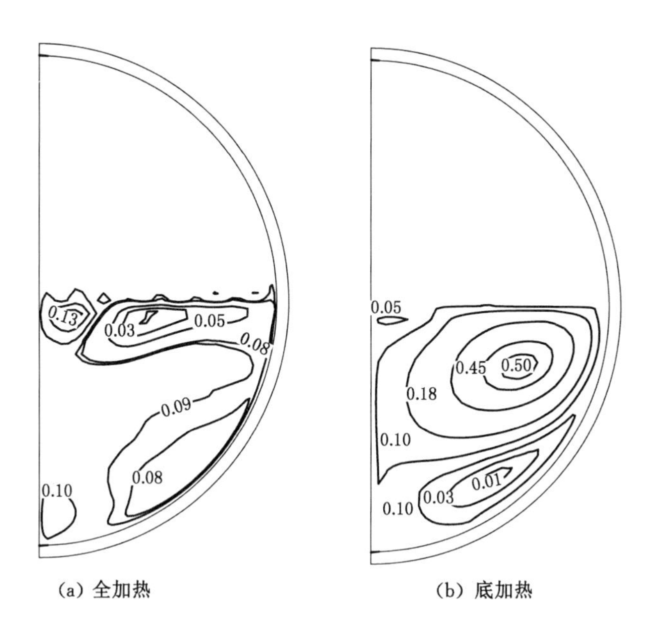

(a) 全加热　　(b) 底加热

图 4-10　两种加热条件下流函数等值线(单位:m^2/s)

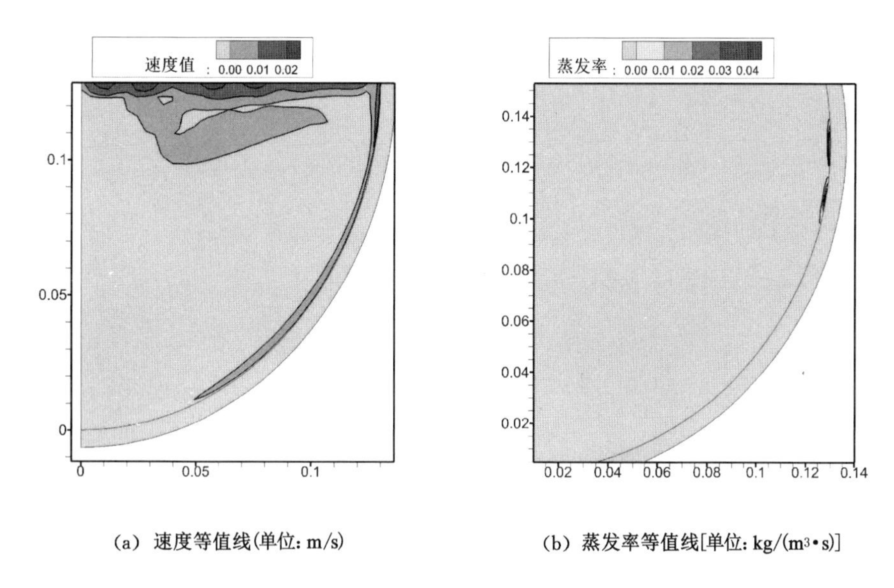

(a) 速度等值线(单位: m/s)　　(b) 蒸发率等值线[单位: kg/(m^3·s)]

图 4-11　全加热条件下介质流动及相变图

4.4 本章小结

本章将试验和数值模拟方法相结合，针对卧式储罐在火灾条件下的热响应，搭建了试验台，并采用数值模拟方法建立了数值计算模型。通过对试验结果与计算结果的对比分析，更加深入地揭示了液化气体热分层现象的内在机理。主要结论如下：

(1) 针对卧式容器的热响应，试验结果与数值模拟结果基本趋势一致，说明书中的试验数据可信，数值计算模型合理。

(2) 试验结果和数值模拟结果均显示卧式罐在全加热条件下内部介质会形成明显的温度分层，而在底部加热条件下内部介质温度基本均匀。这与第 2、3 章中的立式容器加热试验具有一致性规律，也印证了前两章结论的合理性。

(3) 通过数值模拟得到的温度场及流场数据验证并解释了试验过程中的热分层现象，发现两种加热条件下外壁面温度分布的差异是导致二者“爬升流”差异的根本原因，而两种加热条件下壁面附近不同的“爬升流”则导致了全加热条件和底部加热条件下介质热分层的明显差异。

5 液化气体爆沸过程的试验研究

本书的第 2 至第 4 章所研究的液化气体热分层是内部介质能量积累的过程。随着内部介质的能量积累和壳体强度的不断下降，储罐壁可能发生破裂并引发 BLEVE。为了得到液化气体爆沸过程的规律及机理，本章将建立小型试验装置，以 LPG、过热水进行快速泄放试验，研究充装率、泄放口尺寸、热分层等因素对液化气体爆沸过程的影响。

5.1 BLEVE 试验设计

5.1.1 BLEVE 试验系统

本试验系统的设计思路是将容纳饱和液体的压力容器迅速开口以模拟液化气体储罐的局部破裂，观测介质的泄放及爆沸过程，记录此过程中的瞬态压力响应。该试验系统中的主体容器、温度采集系统、外部加热装置与立式圆筒热响应试验系统相同，只是增加了泄压装置和压力高速采集系统，如图 5-1 所示。

在以水为介质的泄放试验中，根据介质的温度、压力等参数确定容器开口的时刻，容器的开口由一个快速泄压装置来控制，此装置包括一个泄压短节、两片爆破片、为其提供压力的压缩气瓶几部分(图 5-1 中 6、7、8、9)。泄压短节由公称直径为 100 mm 的圆筒和上、下法兰构成，上、下法兰面均用爆破片密封。试验过程中用压缩气瓶控制短节内的压力，使其小于上爆破片的爆破压力，同时保证储罐压力与短节压力之差小于下爆破片的爆破压力，从而实现上、下爆破片均不破裂。当试验压力达到泄放要求时，迅速加大短节中的压力使上爆破片破裂，上爆破片的破裂使短节内迅速泄压，从而使下爆破片的承压超过其允许压力也发生破裂。以 LPG 为介质的泄放试验的泄放压力固定为 2.0 MPa，未采用图 5-1 所示的快速泄压装置，直接将爆破片安装在容器出口法兰上控制开启。

压力采集系统由高频压力传感器、高频采集卡、计算机等组成。压力传感器为压阻式，精度等级为 0.5%，采集频率为 20 kHz。在储罐的顶部和侧壁各安装

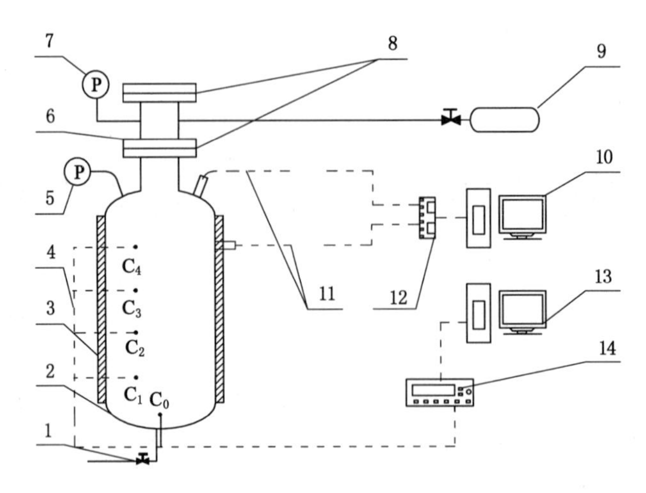

1—底部阀门；2—试验容器；3—加热带；4—内部热电阻；5—容器压力表；6—泄压短节；
7—短节压力表；8—爆破片；9—压缩空气瓶；10—计算机；11—高频压力传感器；
12—高频采集卡；13—计算机；14—数据采集器。

图 5-1 BLEVE 试验系统示意图

一个压力传感器，传感器的接口均配备冷却水套，试验中通以循环水对传感器进行冷却。过热水泄放试验中的压力数据采集系统选用 PC-6342 型超高速模入接口卡，采集频率最高为 1.25 MHz。LPG 泄放试验中使用可连续实时采集的 PCI8348AJ 型高速接口卡，采集频率为 100 kHz。

5.1.2 试验方法

1) 过热水泄放试验

(1) 向储罐中充水至设定的液位。

(2) 根据试验压力，在泄压短节上、下法兰面处安装适当爆破压力的爆破片。短节与储罐法兰面间安装不同开孔尺寸的孔板，以控制泄放口的大小。

(3) 开启加热器对容器进行加热。液面沸腾后，顶部阀门排气一段时间后关闭。顶部阀门排气主要是为了消除容器内残留的空气对泄放过程可能产生的影响。

(4) 监测试验过程中的温度与压力变化，通过控制泄压短节内的压力使爆破片不发生破裂。液相的热分层程度通过调节加热带的加热区域和加热功率来控制。

(5) 当储罐内的介质温度和压力达到泄放要求时，先启动高速采集卡，再控制快速泄压装置打开泄放口，开始泄放过程。

(6) 保存数据并做好现场记录。

2) LPG 泄放试验

(1) 安装爆破片，容器抽真空，充装介质至设定液位。

(2) 开启加热器对容器加热，监测和记录试验过程中的温度与压力。

(3) 在容器压力达到爆破片设定压力之前，开启高速采集卡，爆破片开口泄压后停止数据采集。保存数据并做好现场记录。

5.2　爆沸过程分析

5.2.1　试验条件及压力响应结果

为了得到不同介质在快速泄压过程中的统一规律，本书在同一套试验系统上分别采用 LPG、水 2 种介质进行了快速泄放试验，分别用代号 BL、BW 标记在立式圆筒容器上进行的 LPG 和过热水的快速泄放试验。典型试验 BL_1、BW_1 的充装率、泄放口径相同，具体试验参数见表 5-1。因为泄放的动力是容器的内外压差，用表压更能反映容器的泄压能力，若本章中不做说明，容器内部压力用表压表示。图 5-2、图 5-3 分别为试验 BL_1、BW_1 的压力曲线图。

表 5-1　试验 BL_1、BW_1 的初始条件

代号	介质	充装率/%	泄放口径/mm	泄放压力/MPa
BL_1	LPG	58	100	2.10
BW_1	水	58	100	0.16

图 5-2 显示了液位和两个压力传感器的位置。图 5-2 中的 p_{top} 为压力传感器采集到的原始数据，图中压力曲线存在高频振荡、低频波动、个别数据点跳跃。通过比较分析多组试验结果，认为试验曲线中的这些振荡和跳跃为高速采集系统引入的杂波所致，不反映实际压力的变化。图 5-2 对 p_{side} 曲线进行了光滑处理(FFT 滤波，并去除个别噪点)，处理过的曲线与原曲线主体重合，认为处理过的压力曲线能够更好地反映实际压力变化。本章中使用的试验数据大都进行了类似处理。图 5-3 中对压力响应过程的几个参量进行了图示说明，关于压力响应参量的定义将在 5.2.3 小节进行详细的介绍。

根据以上 2 组泄放试验的压力响应结果，p_{top}、p_{side} 曲线基本上重合，考虑到数据采集误差和波动，认为 2 个测点的压力变化是一致的。其原因应该是，压力波传播速度很快而两测点间的距离较小，导致两测点的压力差别不大。对比

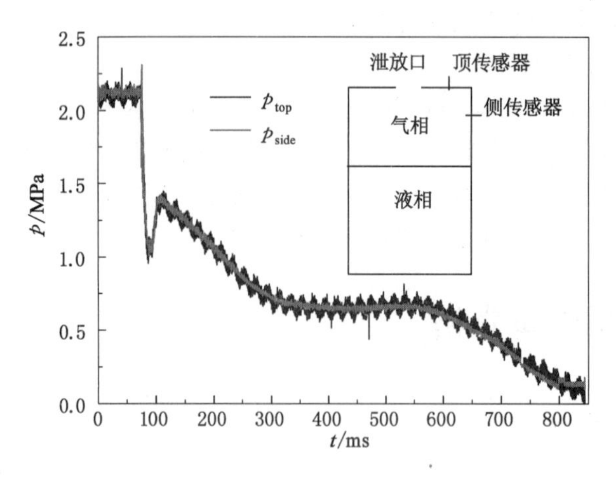

图 5-2　泄放试验 BL_1 的压力曲线图

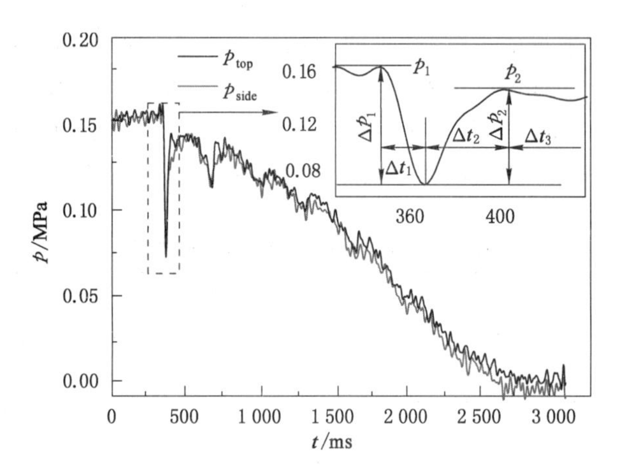

图 5-3　泄放试验 BW_1 的压力曲线图

图 5-2 和图 5-3 可以看出，2 种介质在泄放过程中的压力变化趋势相同，都出现了压力突降、压力反弹及压力缓慢下降 3 个阶段，说明 2 种介质的快速降压及爆沸具有相同的机理。

关于液化气体泄放时的压力反弹峰值能否超过初始压力值，不同研究者的试验结果是不同的。因为泄放条件不同，定量化的比较有一定困难。由于实际事故中的储罐已经部分失效和削弱，即使不超过初始压力的压力反弹，也能够对容器造成巨大的破坏，快速泄压导致的压力反弹依然是该领域的研究重点。

5.2.2 两相流发展过程分析

图 5-4 为试验 BL_1 的泄放过程图像集。泄压开始时刻 t_0 是近似确定的，取出录像中的每帧图片，将能看到有气体喷出容器的图片的前一帧作为 t_0 时刻的图像。爆破片打开时有较响的开口破裂声，刚开始喷出的介质为气体，没有明显两相流，经过一小段时间后才有明显的两相流柱喷出。由图 5-4 可以看出，从容器开口到两相流喷出的时间间隔小于 35.7 ms（摄像机每帧的时间间隔），这段时间基本上只有气相介质喷出。结合图 5-2 中的压力曲线，两相流喷出之前的压力处于突降及反弹阶段。气相流之后是两相流的喷出过程，这段时间的压力处于反弹峰值及之后的缓慢下降阶段。参考两相流柱的浓度、粗细、高度可以看出，两相泄放流经历了发展、稳定、逐渐减弱直至消失的过程。与两相流的发展相对应，容器的内部压力在突降之后迅速反弹，压力峰值过后稳定维持了一段时间，最后下降至环境压力。这表明爆沸形成的两相流影响了容器内的压力变化。

图 5-4 试验 BL_1 的泄放过程图像集

对于充装液化气体的压力容器，其气相壁破裂后，液体由饱和态转变为过热态并发生爆沸，如图 5-5 所示。

容器顶部突然开口后，首先是气相介质的快速膨胀泄放，泄放过程很快，可视为绝热流动。蒸气的流出使得泄放口附近压力下降，泄放口形成的降压波以当地声速向液面方向传播。当此降压波进入液体后，饱和液体变为过热液体，过热液体汽化形成膨胀的两相流，两相流的膨胀使得压力停止下降并开始反弹。随着过热液体的持续喷出，介质内能不断减少，同时压力的反弹也对爆沸起到了抑制作用，从而使容器内的压力在达到反弹峰值后开始逐渐下降，直至环境压力。弓燕舞[23]曾采用 60 L 的小型钢制容器进行过 LPG 介质的快速泄放，根据摄像探头显示，沸腾由壁面发起向内部传播。陈思凝[93,95]将玻璃容器中的水加

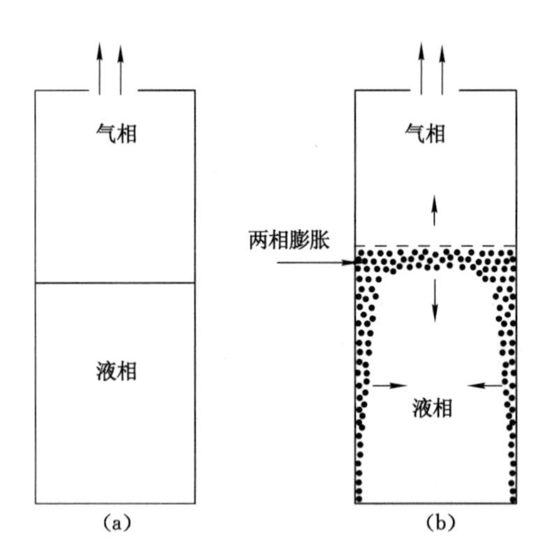

图 5-5　过热液体泄压及爆沸示意图

热到 100 ℃以上后进行快速泄放，利用高速摄像观测到沸腾由液面和内部核化点发起向内部扩展，其中沿壁面的扩展速度要快一些。本研究采用的是 50 L 左右的钢制容器，内壁面较粗糙。参考前人的研究结果，可认为本研究中容器内的过热液体沸腾由壁面发起并从壁面和液面向中心扩展，如图 5-5(b)所示。

5.2.3　压力响应参量分析

1) 压力响应参量定义

本书定义了一些参量来描述泄压过程中的压力响应，图 5-3 中对一些参量进行了说明。p_1 为泄放初始压力，p_2 为压力反弹峰值，Δp_1 为压力突降幅度，Δp_2 为压力反弹幅度。泄放过程中的压力突降、压力反弹、缓慢降压 3 个阶段的持续时间分别定义为 Δt_1、Δt_2、Δt_3，泄放总时间为 t。由这些直接测得的参量可得到以下间接参量。

(1) 压力反弹绝对比 F_1。压力反弹绝对比是指压力反弹峰值与初始压力的比值：

$$F_1 = \frac{p_2}{p_1} \tag{5-1}$$

(2) 压力反弹升降比 F_2。压力反弹升降比是指压力反弹幅度与压力突降幅度的比值：

$$F_2 = \frac{\Delta p_2}{\Delta p_1} \tag{5-2}$$

(3) 降压速率 k_1。降压速率是压力突降幅度 Δp_1 与降压时间 Δt_1 的比值：

$$k_1 = \frac{\Delta p_1}{\Delta t_1} \tag{5-3}$$

(4) 升压速率 k_2。升压速率是指压力反弹幅度 Δp_2 与升压时间 Δt_2 的比值：

$$k_2 = \frac{\Delta p_2}{\Delta t_2} \tag{5-4}$$

另外，将 $\Delta p_1/p_1$ 定义为相对降压量，将 $\Delta p_2/p_1$ 定义为相对升压量。

2) 变介质试验的压力反弹参量比较

试验 BL_1、BW_1 中的压力响应参量见表 5-2。

表 5-2　试验 BL_1、BW_1 的压力响应参量

代号	介质	p_1 /MPa	Δt_1 /ms	Δt_2 /ms	Δt_3 /ms	k_1 /(MPa·s^{-1})	k_2 /(MPa·s^{-1})	$\Delta p_1/p_1$	$\Delta p_2/p_1$	F_1	F_2
BW_1	水	0.16	19	35	2300	4.6	2.0	0.56	0.45	0.89	0.81
BL_1	LPG	2.10	18	12	740	59.6	31.4	0.51	0.17	0.66	0.33

由图 5-2、图 5-3 及表 5-2 可看出，虽然 2 组试验中的压力变化趋势相同，但定量上的差异比较明显。LPG 泄放试验与水的泄放试验相比，前者的初始压力是后者的 13 倍，同时前者的压力突降速率也是后者的 18 倍。在泄放的初始阶段，沸腾存在滞后，液体的膨胀量较小，容器内近似为气体的泄放过程。根据气体的喷管泄放公式[119]，喷管的流量随内外压比的增大而增大，较高的初始压力必然导致较高的压力突降速率。

LPG 泄放试验中的压力突降幅度和压力反弹幅度均远高于水的泄放试验中相应参量，这是由两试验中初始压力的巨大差异导致的。更高的初始压力导致更大的降压速率和压力突降幅度，更大的压力突降幅度使液体获得更大的过热度，从而使液体的汽化速率更高，产生的压力反弹幅度更大。

LPG 泄放试验中的压力反弹速率远高于水的泄放试验中压力反弹速率，主要原因是两种介质汽化速率的差距。试验中 LPG 的温度高于其常压下的沸点 100 ℃以上，而试验中水的温度只比其常压下的沸点高 30 ℃，因此 LPG 在泄压后可获得的过热度远大于水，从而使其汽化速率更高，更高的汽化速率将导致更高的压力反弹速率。

本节通过对比水和 LPG 的泄放试验，发现两种介质的泄放过程具有相同的变化趋势，即两种介质的爆沸机理是一致的。结合压力曲线和泄放过程的图像，证实了两相流的膨胀导致了压力的反弹，过热液体爆沸的剧烈程度影响了容器内的压力变化。由于介质物性的差异，2 组试验的压力响应存在定量上的差别。

5.3 压力响应的影响因素研究

本节进行了多种工况条件下的泄放试验，研究了充装率、泄放口径及液相热分层对泄放过程中压力响应的影响。

5.3.1 充装率对压力响应的影响

1）变充装率泄放试验比较

以 LPG 为介质，进行了 3 组变充装率条件下的泄放试验。试验的初始条件见表 5-3；压力反弹参量见表 5-4。3 种充装率下的压力响应曲线比较见图 5-6；泄放过程图像集分别见图 5-4、图 5-7 和图 5-8。

表 5-3 变充装率泄放试验的初始条件

代号	介质	充装率/%	泄放口径/mm	初始表压/MPa
BL_1	LPG	58	100	2.10
BL_2	LPG	39	100	2.02
BL_3	LPG	8	100	2.01

表 5-4 变充装率泄放试验的压力响应参量

代号	φ/%	Δt_1/ms	Δt_2/ms	Δp_1/MPa	Δp_2/MPa	F_1	F_2
BL_1	58	18	12	1.08	0.36	0.66	0.33
BL_2	39	111	273	1.46	0.24	0.39	0.16
BL_3	8	129	—	1.90	0	0	0

从图 5-6 可以看出，充装率为 58%、39%的试验 BL_1、BL_2 中均出现了较明显的压力反弹，充装率为 8%的试验 BL_3 则几乎完全为降压过程，没有明显的压力反弹。通过比较 3 组试验的泄放过程参量可发现，当充装率在 8%～58%时，随着充装率的提高，压力突降幅度 Δp_1 变小，压力反弹幅度 Δp_2 变大，从而使压力反弹绝对比 F_1 和压力反弹升降比 F_2 均随充装率的提高而增大。另外，较高充装率下的泄放持续的时间也较长。

综合分析 3 组试验的泄放过程图像集和压力响应曲线，可以发现：

(1) 充装率越高，泄放口的两相流出现得越早，同时容器开口时刻与压力反弹峰之间的时间间隔越短。这说明充装率的提高使得气相空间变小，气相泄放

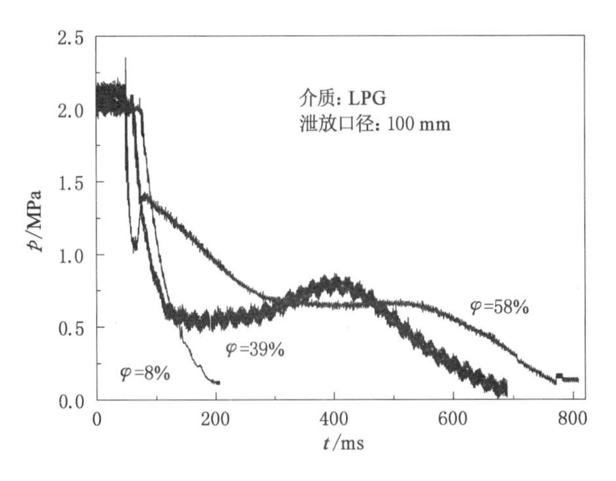

图 5-6 变充装率泄放试验的压力曲线比较

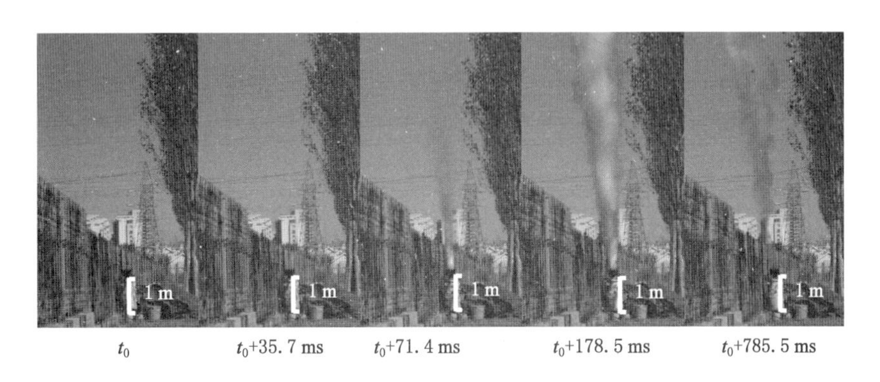

t_0　t_0+35. 7 ms　t_0+71. 4 ms　t_0+178. 5 ms　t_0+785. 5 ms

图 5-7 试验 BL_2 的泄放过程图像集

t_0　t_0+35. 7 ms　t_0+71. 4 ms　t_0+178. 5 ms　t_0+785. 5 ms

图 5-8 试验 BL_3 的泄放过程图像集

的时间变短，两相流更快地膨胀至泄放口，压力峰也就随之出现得越早。

（2）充装率越高，两相流柱直径越粗、高度越高、颜色越浓、泄放持续时间越长。这反映了更大的充装率导致更大的两相流质量与能量，从而导致压力反弹峰值更大，并且持续的时间更长。

2）变充装率泄放试验的压力响应参量比较

以水为介质，进行了多种充装率条件下的泄放试验，对试验中的压力反弹幅度和压力突降幅度进行统计，两项参量之间的统计关系见图 5-9。由图 5-9 可以看出，在某一固定充装率下，Δp_2 与 Δp_1 之间存在较明显的正线性关系，说明较大的降压值使得液体获得了较大的过热度，从而使液体的爆沸更加剧烈，引起的压力反弹幅度也就越大。另外，由图 5-9 还可以看出，Δp_2 与 Δp_1 的比率（压力反弹升降比 F_2）主要受充装率的影响，F_2 随充装率的提高而增大。

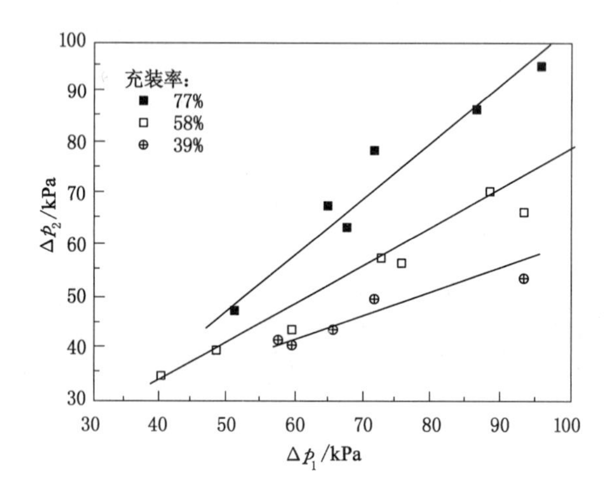

图 5-9　压力突降幅度与压力反弹幅度的关系

以水为介质，固定泄放口径为 100 mm，介质初始温度为 130 ℃，进行了一系列变充装率下的泄放试验。对各试验中的压力响应参量进行统计，图 5-10 显示了压力反弹升降比 F_2、泄放总时间 t、压力突降幅度 Δp_1、压力反弹幅度 Δp_2 共 4 个参量与充装率 φ 之间的关系。

由图 5-10(a)可以看出，F_2 随着充装率的增大而提高，这与图 5-9 中反映的规律是一致的。其主要原因是：容器的充装率越大，液体具有的能量越多，液体降压后产生的爆沸能将压力恢复到较高的水平。图 5-10(b)显示，泄放总时间与充装率之间呈现较明显的正相关关系。此系列试验的初始压力相同，因而介质的泄放速率接近。在相近的泄放速率下，介质的充装量越大，则泄放所需的时间越长。

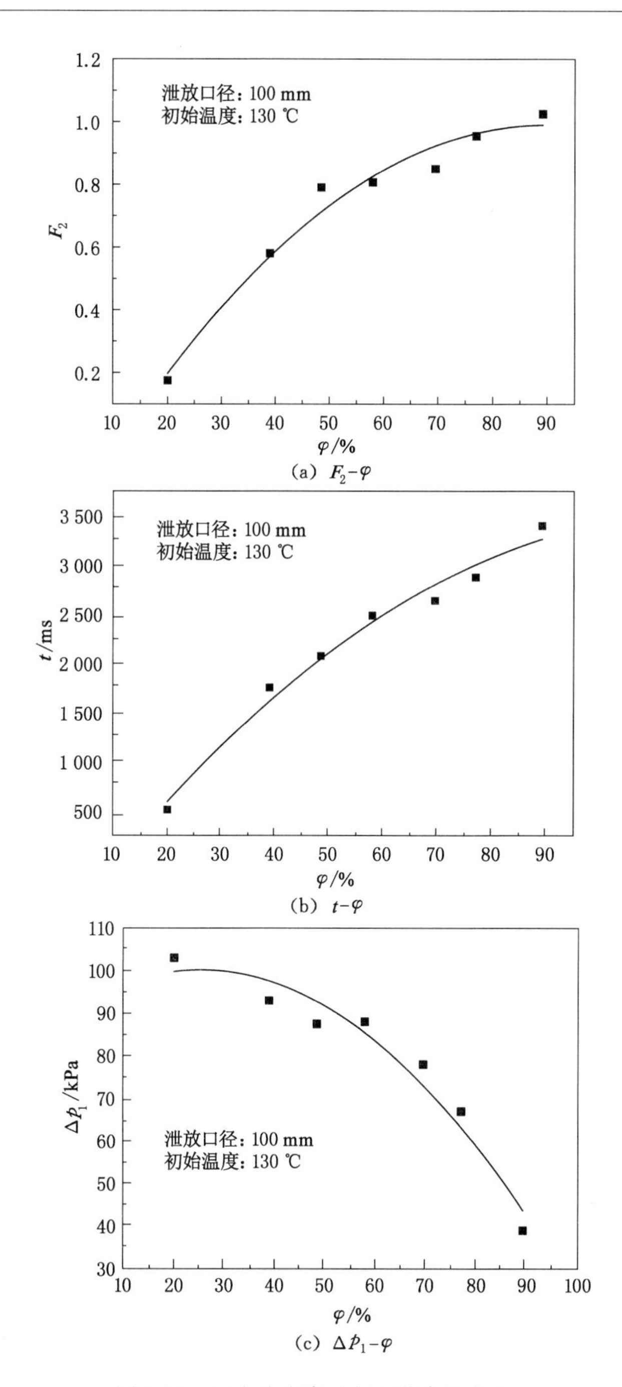

图 5-10 压力响应参量与充装率的关系

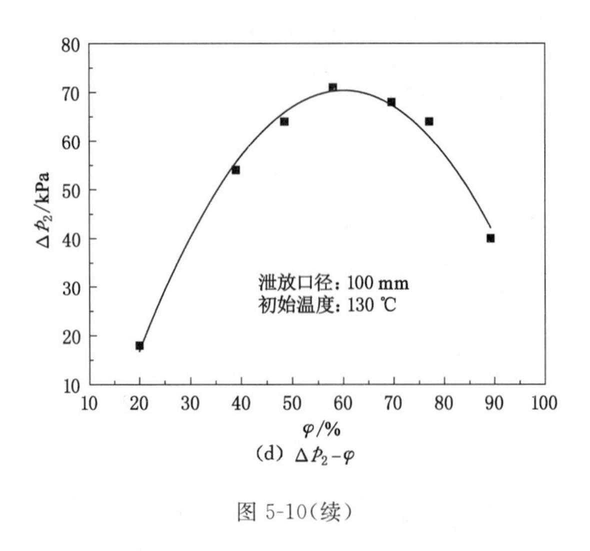

(d) $\Delta p_2-\varphi$

图 5-10(续)

图 5-10(c)显示,压力突降幅度随着充装率的增大而减小。充装率的提高意味着液面与泄放口的距离变小,从而使降压波到达液面所需的时间变短,即缩短了液体发生沸腾的滞后时间。液体沸腾出现得越早,可以更快地阻止压力继续降低。另外,充装率的提高也意味着液相与气相体积之比增大,液相的膨胀对气相的压缩作用会更强,从而阻止压力突降的能力更强。这两方面的作用使得充装率越高,压力突降幅度越小。

由图 5-10(d)可以看出,充装率在 60%左右时产生的压力反弹幅度最大。增大充装率意味着增大了液相体积并减小了气相体积,即增强了液相的膨胀对气相的压缩作用。假设不同试验中的液相获得了相同的过热度,导致相同的体积膨胀率,则较大的充装率必然导致较大的压力反弹。同时,液相膨胀率与液体能获得的过热度有关。根据图 5-10(c)可知,充装率的提高使得气相的压降值变小,从而降低了液相获得的过热度,导致液相膨胀率变小。综上所述,提高充装率使液相可获得的过热度降低,但又使液相膨胀对气相的压缩作用增强,这两方面的作用导致在较高和较低充装率时的压力反弹幅度都较小,而在中等偏上充装率(本试验中对应充装率约为 60%)时的压力反弹幅度达到最大。此规律与很多研究者的结论基本一致。Ramier 以 R22 为介质的泄放试验中发现充装率在 50%~70%内两相流对顶部的冲击压力最大[72]。陈思凝以水为介质的泄放试验中发现充装率在 60%~80%区间内压力反弹峰值最大[95]。这些结果说明,液体在中等偏上的充装率下泄放时会对容器顶部产生较强的冲击压力。

综上所述,以水为介质进行的一系列变充装率试验与以 LPG 为介质的变充率试验显示出基本一致的规律,并结合其他研究者的成果,使得试验条件的变化范围更大，所得结论的适用范围更广。

5.3.2 泄放口径对压力响应的影响

以水为介质进行了6组快速泄放试验，介质泄放前的初始温度均为130 ℃，采用了48.5%、58.0%两种充装率，每种充装率下采用了50 mm、70 mm、100 mm 3种泄放口直径。图5-11统计了此系列试验的压力响应参量与泄放口面积的关系。

图5-11(a)和图5-11(b)显示，在48.5%、58.0%两种充装率下，随着泄放口面积的增大，压力突降幅度和压力突降速率都是增大的。由于几组试验的泄放压力一致，更大的泄放口面积必然导致更大的泄放口流量，从而导致泄放速率加大。在压力突降阶段，液体的过热沸腾有一定的滞后，容器内的压力变化主要受泄放速率的影响，更大的泄放速率导致更大的压力突降幅度和压力突降速率。

图5-11(c)和图5-11(d)显示，在48.5%、58.0%两种充装率下，随着泄放口面积的增大，压力反弹幅度和压力反弹速率都是增大的。这是由于更大的泄放口径导致更大的压力突降幅度和压力突降速率，从而使液相获得了更高的过热度。液相获得的过热度越高，爆沸时汽化速率就越高，引起两相流的膨胀速度也就越快，从而导致压力反弹幅度和压力反弹速率增大。

虽然50 mm、70 mm、100 mm 3种泄放口径有差别，但还是处在同一量级，下面对比泄放口径相差更悬殊的试验。试验BW_2、BW_3的初始温度均为130 ℃，充装率均为48.5%。两组试验的泄放口分别为直径100 mm的圆孔和25 mm×8 mm的狭缝，泄放面积之比约为40∶1。表5-5为两组试验的压力响应参量；图5-12为两组泄放试验的压力曲线。

表5-5 大、小口径泄放试验参量对比

代号	泄放面积/mm²	Δt_1/ms	Δt_2/ms	Δp_1/MPa	Δp_2/MPa	k_1/(MPa·s^{-1})	k_2/(MPa·s^{-1})	t/s
BW_2	7 854	17	36	81	64	1.78	0.79	1.18
BW_3	200	115	345	23	7	0.02	0.30	>20

两组试验的压力曲线和试验参量对比显示，大口径泄放试验的Δp_1、Δp_2、k_1、k_2都远大于狭缝泄放试验的相应参量，与图5-11中所体现的泄放口径对压力响应的影响规律一致，说明以上统计规律适用范围很广。另外，在很小的泄放口径下，压力突降幅度很小，压力反弹不明显，泄放时间远大于大口径泄放。

增大泄放口径会使泄放过程的压力突降幅度、压力反弹幅度及升降压速率都增大，即增大了泄放介质对容器的瞬时冲击。对于事故中出现较大破裂口的

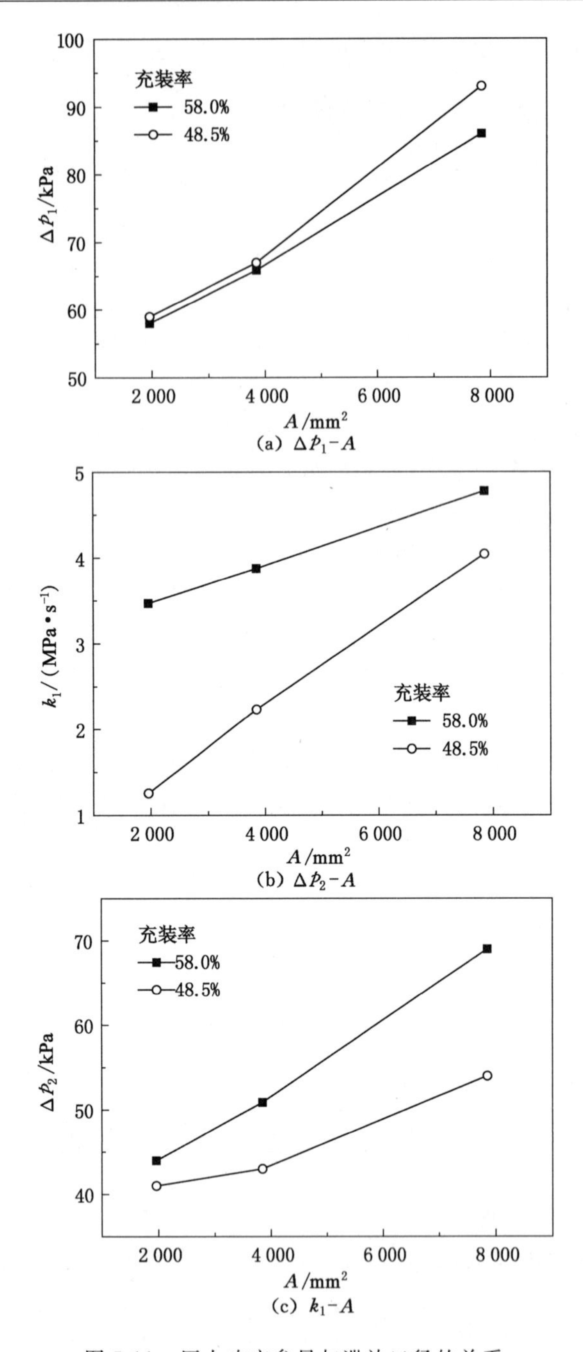

(a) Δp_1-A

(b) Δp_2-A

(c) k_1-A

图 5-11　压力响应参量与泄放口径的关系

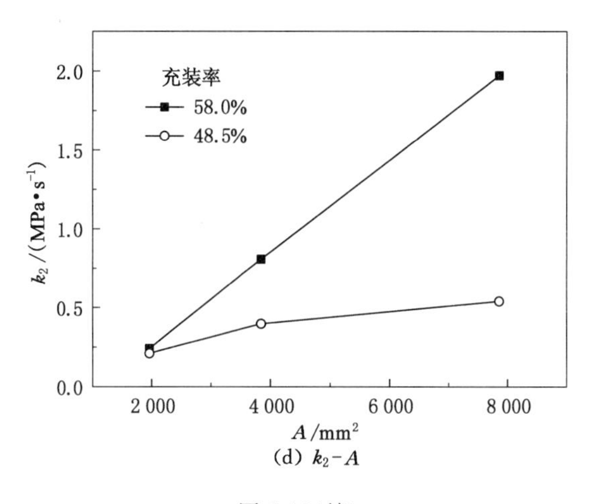

(d) k_2-A

图 5-11(续)

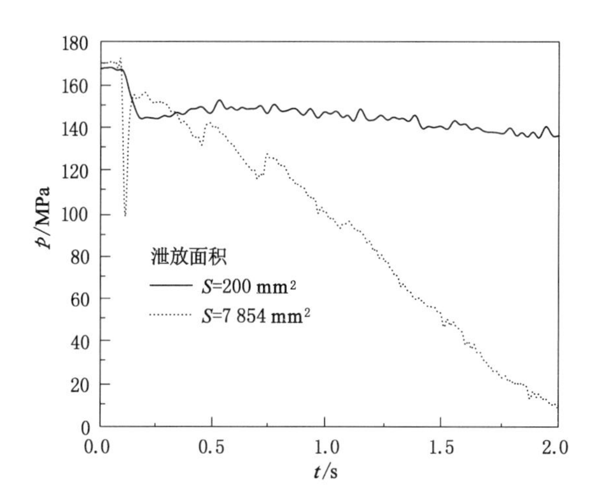

图 5-12 大孔及狭缝泄放条件下的压力曲线比较

容器,其裂口附近的强度已严重削弱,在较高的冲击下,容器发生完全失效而引发 BLEVE 的风险会增大。综上所述,泄放口径的增大对于液化气体储罐的安全是不利的。

5.3.3 热分层对压力响应的影响

本书第 2 至第 3 章的研究表明,在外部受热条件下,液化气体通常会形成热分层。为了得到介质的热分层对泄放及爆沸过程的影响规律,本节对比分析了介质在有热分层和无热分层两种条件下的泄放试验。

1) 有、无热分层条件下的泄放试验

以水为介质，在充装率为58%、泄放口径为100 mm条件下进行了无热分层与有热分层2组泄放试验 BW_4 和 BW_5。试验 BW_4 一直采用底部加热器加热，泄放前介质内部温度均匀。试验 BW_5 中将介质加热到100 ℃后对上部液相壁进行单独加热，液相形成了热分层。2组试验中泄放前的介质温度分布见表5-6，压力响应过程参量见表5-7；压力响应曲线见图5-13。根据表5-6所列的各测点温度，可大致绘出试验 BW_4、BW_5 中液体的温度分布情况，如图5-14所示。

表5-6　介质泄放前的温度分布

代号	C_0/℃	C_1/℃	C_2/℃	C_3/℃	C_4/℃
BW_4	130	130	130	130	130
BW_5	98	100	130	130	130

表5-7　不同热分层条件下泄放试验的压力响应参量

代号	介质	热分层	p_1/MPa	Δp_1/MPa	Δp_2/MPa	k_1/(MPa·s^{-1})	k_2/(MPa·s^{-1})	F_1	F_2
BW_4	水	无	0.164	0.04	0.04	1.39	1.58	1.00	1.00
BW_5	水	有	0.168	0.06	0.04	2.32	0.40	0.69	0.89

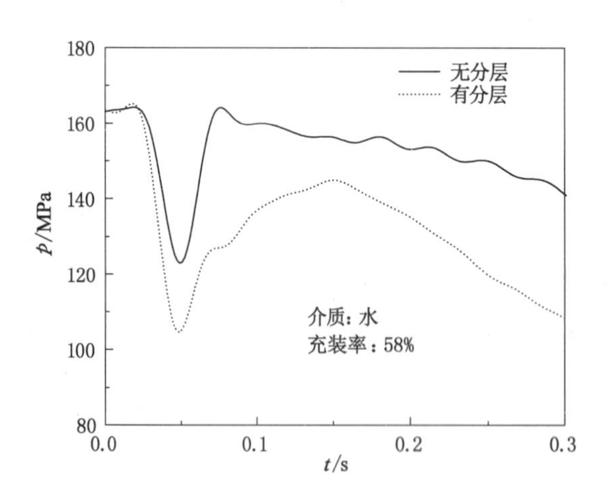

图5-13　不同热分层条件下的泄放试验压力曲线

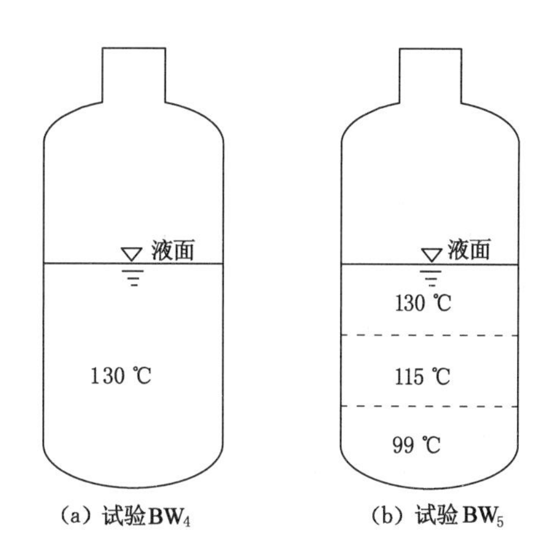

图 5-14　试验 BW_4、BW_5 中液体的温度分布

由图 5-13 和表 5-7 可以看出，相对于无分层泄放，有分层泄放时的压力突降幅度更大、压力突降速率更高、压力反弹速率更低、压力反弹比更小。在压力反弹峰值过后，无分层试验的压力维持在更高水平，泄放持续时间也更长。

2）热分层对压力响应的影响分析

（1）压力突降阶段

试验 BW_5 的压力突降幅度、压力突降速率均明显高于试验 BW_4，说明压力突降过程受到了液相温度分布的影响。由图 5-14 可以看出，试验 BW_5 的上层液体温度与试验 BW_4 的差别不大，但试验 BW_5 的下层液体温度低于试验 BW_4 的，这使得在同等的降压条件下，试验 BW_5 中的液体获得的过热度小于试验 BW_4 的，导致试验 BW_5 液体的汽化速率较低。介质的向外泄放起降压的作用，而介质的沸腾起到增压的作用，在压力突降停止时，沸腾的增压作用与泄放的降压作用达到平衡。由于试验 BW_5 中的液体平均温度低，其沸腾要达到与试验 BW_4 中同等的增压效果，压力要下降到更低的程度以增大液体的过热度。由图 5-13 可以看出，试验 BW_4 中的压力降到 122 kPa 时即停止下降，而试验 BW_5 的压力降到 105 kPa 时才停止下降。

2）压力反弹阶段

在压力突降阶段，试验 BW_5 的液相平均温度低于试验 BW_4 的，但同时压力下降幅度也低于试验 BW_4 的，使得 2 组试验中的液相获得的平均过热度接近，从而导致 2 组试验的压力反弹幅度接近。

由 2 组试验的压力响应参量可看出，试验 BW_4 的压力反弹时间明显短于试验 BW_5 的。由两试验中的温度分布可知，试验 BW_4 中全部液体的温度均比其大气压下的沸点高 30 ℃,即泄压后全部液体都参与汽化;试验 BW5 的下层液体温度接近大气压下的沸点,即泄压后下层液体不会汽化。试验 BW_5 参与汽化的液体量较少使得两相流的膨胀速度降低,从而使压力反弹峰出现的时间延后。

(3) 压力反弹峰值过后的泄放过程

无热分层介质相热对于有分层介质拥有更高的能量,从而使液体产生更高的膨胀倍数,这导致有热分层条件下的体积泄放量小于无热分层条件下的体积泄放量。由于无热分层条件下的液相体积膨胀量较大,导致其两相流的喷射较猛烈,压力也维持在较高水平。

通过对试验结果的分析可知,在相同泄放压力下,介质热分层度越高,压力反弹的作用时间越短、平均反弹压力越小。综上所述,介质在有热分层条件下引发液化气体储罐 BLEVE 的风险比无热分层条件下要小得多。

5.4 本章小结

本章建立了 BLEVE 试验系统,通过打开容器顶部的爆破片模拟容器的破裂失效,以过热水、LPG 两种介质进行了一系列快速泄放试验,利用压力高速采集装置记录了容器开口泄放过程中的瞬态压力响应,研究了充装率、泄放口径、热分层度等因素对压力响应的影响规律。主要工作及结论如下:

(1) 过热水、LPG 两种介质在快速泄压时,其压力都出现"降压—升压—降压"的响应过程。由于介质物性及压力的差别,不同介质的压力响应存在定量上的差别。结合压力响应曲线和泄放过程图像,证实了两相流的膨胀导致了压力的反弹,过热液体沸腾的剧烈程度影响了容器内的压力变化。

(2) 进行了变充装率下的泄放试验,通过对泄放过程图像和压力响应参量的分析,得到了充装率对压力响应的影响规律。研究结果显示,压力反弹比随充装率的提高而增大,充装率在 60%附近时的压力反弹幅度最大。

(3) 通过变泄放口径试验,得到了泄放口径对压力响应的影响规律。研究结果显示,泄放口径增大会使得压力突降幅度、压力突降速率、压力反弹幅度、压力反弹速率均增大。

(4) 对比了过热水在有热分层、无热分层条件下的泄放试验。研究结果显示,在相同泄放压力下,介质的热分层度越高,压力突降幅度越大,爆沸所产生的压力反弹峰值越低,压力反弹峰的维持时间越短。综上所述,介质在有热分层条件下引发液化气体储罐 BLEVE 的风险要比无热分层条件下小得多。

6 液化气体爆沸过程的数值模拟研究

第5章借助一系列的快速泄放试验，对液化气体的爆沸机理有了一定认识，并研究了爆沸过程中的影响因素及影响规律。由于爆沸过程极其剧烈且短暂，试验中能采集到的数据有限，无法对容器内部介质的状态变化进行细致观测。为了深入研究爆沸过程中的传热传质机理及热分层对爆沸的影响，本章将对液化气体的爆沸过程进行数值模拟研究。

6.1 液化气体爆沸物理模型

俞昌铭等[120]曾经提出过一种物理模型，用以描述液化气体容器气相空间出现小孔(裂缝)导致液相突然泄压及爆沸，从而诱发 BLEVE 的过程。图 6-1 对此情形下液相的爆沸过程进行了描述。本章将以此模型为基础对此类型事故进行深入研究。

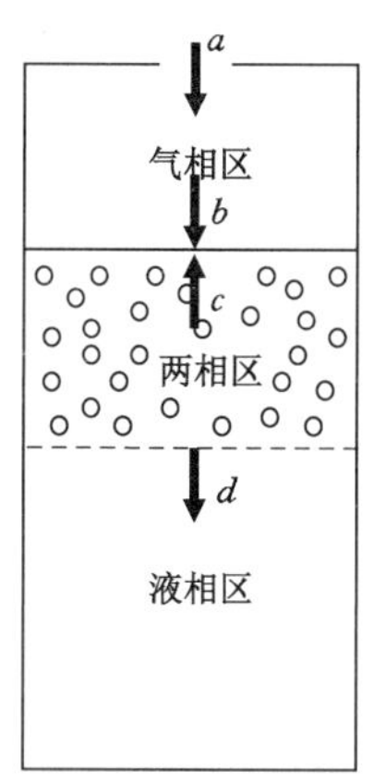

图 6-1　容器内液体的泄压及爆沸过程[120]

(1) 当容器气相空间突然出现小孔(裂缝)后，泄压开始。出口附近的气体首先泄放，在出口处形成稀疏波并以当地音速向液面传播(a 方向)。

(2) 当气相空间出口处形成的稀疏波到达液面后，进入液相继续向容器底部传播(b 方向)。在此期间,稀疏波阵面将液体分成 2 部分:一部分为底部的液体,这部分液体仍保持饱和状态,未受到稀疏波的扰动;另一部分为上部已经降压的液体,这部分液体处于过热状态,其中部分过热液体产生沸腾相变。

(3) 过热液体沸腾产生的气泡使得液体随之膨胀,导致液面上升。随着压力不断降低,沸腾加剧,液体中产生大量的气泡并不断长大,使得液面附近形成一个不断膨胀的两相流区,膨胀的两相流区产生的压缩波向气相区和液相区传播(图中的 c 和 d 的方向)。向上传播的压缩波压缩气相空间,使得气相区压力快速反弹。快速反弹的气相压力有可能超过初始压力,从而引发容器爆炸;同时,高速膨胀的两相流对容器形成冲击,也可引发容器的爆炸。

综上所述,容器顶部泄放口泄压产生稀疏波,稀疏波的扰动使过热液体爆沸,从而产生膨胀的两相流,引起容器内的压力反弹。如果要对此过程进行数值模拟,就需要对介质的流动过程和相变过程进行数学描述。介质的相变过程是数值模拟的难点,需要准确描述容器出口处的边界压力以确定液相的饱和条件,并采用合理的相变模型描述爆沸过程。

6.2 液化气体爆沸数学模型

6.2.1 爆沸过程相变模型

1) 沸腾核化理论

液体沸腾可分为均匀沸腾和非均匀沸腾。均匀沸腾是液体在较大的过热度下,气泡由能量较集中的液体高能分子团的运动与聚集产生。引起均匀沸腾的泡化核心半径需达到液体分子数量级,一般情况下这种沸腾是很难出现的。非均匀沸腾是指液体中存在的不凝气体、固体颗粒,或者壁面上存在的坑穴等会为液体的沸腾提供汽化核心,使得液体在较低的过热度下就发生核化,实际工况中发生的一般都是非均匀沸腾。

气泡存活的平衡条件可由拉普拉斯(Laplace)方程描述,即:

$$R_{b} = \frac{2\sigma}{p_{b} - p_{l}} \tag{6-1}$$

式中,p_b为气泡内压力,p_l为气泡外压力;σ 为气液界面表面张力;R_b为气泡平衡半径。研究表明,只有半径大于式(6-1)的气泡才能生长。

利用克劳修斯-克拉贝龙(Clausius-Clapeyron)方程,可得出产生半径 R_b的气泡所需的过热度,即:

$$\Delta T = \frac{2\sigma T_{s}}{h_{lv}\rho_{v}R_{b}} \tag{6-2}$$

式中，ρ_v 为气体密度；T_s 为液体的饱和温度。

在理想条件下，液体要达到极限过热度才能形成极限半径下的气泡。由于临界半径非常小，极限过热度非常高。但在非均匀沸腾条件下，由于固体加热壁面上凹穴等汽化核心的存在，生成气泡所需的过热度大大降低。这主要是随着壁面过热度的提高，气泡的平衡半径 R_b 随之减小，壁面上越来越小的存气凹穴将成为工作的汽化核心，从而汽化核心数量随之增加。

2）气泡的成长

沸腾中气泡的长大及演化过程一直是沸腾问题研究的重点。在传统的气泡动力学理论中，经典的瑞利（Rayleigh）方程经常被用到，即：

$$R_b \frac{d^2 R_b}{dt^2} + \frac{3}{2}\left(\frac{dR_b}{dt}\right)^2 = \left(\frac{p_b - p_\infty}{\rho_l}\right) - \frac{2\sigma}{\rho_l R_b} \tag{6-3}$$

式中，p_∞ 为气泡周边压力；ρ_l 为液体密度。

忽略式（6-3）的二阶项，方程可简化为：

$$\frac{dR_b}{dt} = \sqrt{\frac{2}{3}\frac{p_b - p_\infty}{\rho_l}} \tag{6-4}$$

根据 Rayleigh 方程，普洛斯佩雷蒂（Prosperetti）等[121]将气泡生长过程分为 4 个阶段：

（1）初期阶段。泡核形成后，气泡在内外压差的作用下迅速长大，气泡半径的增长速度受到表面张力的抑制，也叫作潜伏阶段。

（2）惯性增长阶段。如果初始过热度足够大，那么限制气泡长大的主要是气泡外层液体的惯性阻力，此时气泡增长速率的上限，即式（6-4）。

（3）过渡阶段。气泡体积要继续增大，就必须要吸收热量，这一阶段气泡的增长受液体惯性阻力及液体传热效应的共同影响。

（4）渐进阶段。此时气泡已长大，对其成长起唯一重要作用的是过热液体的供热。

对于过热度很高的情况，气泡的成长过程需经历以上 4 个阶段。对于过热度较小的情况，气泡的生长可能不经历惯性增长阶段甚至越过过渡阶段而直接进入渐进阶段。像快速泄压导致爆沸这种过热度较大的情况，气泡生长的主要阶段是惯性增长阶段。

爆沸过程中气泡动力学研究的重点是惯性控制下气泡半径演化的过程，后来的研究者们也朝着这个方向展开了大量的研究工作。

刘朝等[122]研究了快速降压过程中的气泡成长规律，假设以下条件：液体为不可压缩的牛顿流体，气体为理想气体；气泡为球形，热边界层为球对称；气泡内部参数在空间上一致，仅随时间变化；液体物性参数恒定；系统压力随时间按指

数衰减。以热边界层为研究对象,基于非平衡热力学理论,导出了无因次的气泡运动方程,即:

$$\varepsilon[R_b^* \ddot{R}_b^* + (2-0.5\varepsilon)\dot{R}_b^*] = \alpha p_v^* + (\beta\sigma^* + \gamma\dot{R}_b^*)/R_b^* \tag{6-5}$$

对应有量纲的形式为:

$$\varepsilon R_b^* \ddot{R}_b + \varepsilon\left(2-\frac{\varepsilon}{2}\right)\dot{R}_b^2 + \frac{4\varepsilon\mu_1\dot{R}_b}{\rho_1 R_b} = \frac{p_v - p_\infty}{\rho_1} - \frac{2\sigma}{\rho_1 R_b} \tag{6-6}$$

式中,α、β、γ 为无量纲参数;$R_b^* = R(\tau)/R_0$;$\varepsilon = 1 - \frac{\rho_v}{\rho_1}$;$\mu$ 为化学势。

显然,当假定 $\varepsilon=1$,$\mu_1=0$ 时,以上方程将还原为 Rayleigh 方程。

3) 相变传热传质速率

在气-液相间的传质研究中,由分子运动学出发得到的赫兹-克努森(Hertz-Knudsen)方程应用较为广泛,并且在类似问题中被证明是有效的。Hertz-Knudsen 方程表示汽化和冷凝同时进行时气液相界面上的净传质速率,即:

$$J = \frac{2}{2-\sigma_{con}}\left(\sigma_{con}\frac{p_v}{\sqrt{2\pi RT_v}} - \sigma_{vap}\frac{p_1}{\sqrt{2\pi RT_1}}\right) \tag{6-7}$$

式中,R 为理想气体常数;σ_{con} 为冷凝系数;σ_{vap} 为汽化系数。

冷凝系数表示被液相吸收的分子数与撞击到液相界面的总分子数之比;汽化系数表示运动到气相的分子数与从液相逃逸出去的总分子数之比。图 6-2 及图 6-3 从分子运动层面对冷凝和汽化过程进行了描述[123]。

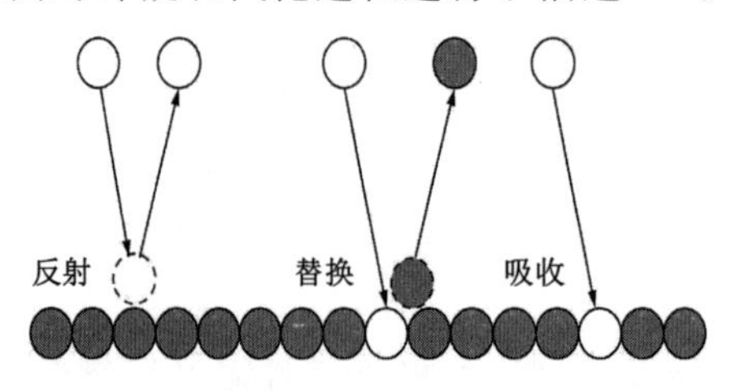

图 6-2　冷凝过程

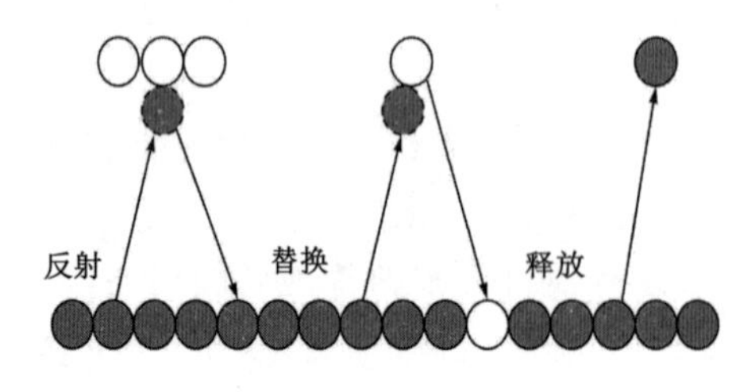

图 6-3　汽化过程

在平衡状态下，气、液相温度相等(即 $T_v=T_l$)，汽化和冷凝的分子数相同，宏观表现为净蒸发率为零。因此，该状态下的冷凝系数等于汽化系数，即 $\sigma_{con}=\sigma_{vap}=\sigma$，则式(6-7)可简化为：

$$J=\frac{2\sigma}{2-\sigma}\frac{1}{\sqrt{2\pi R}}\left(\frac{p_v}{\sqrt{T_v}}-\frac{p_l}{\sqrt{T_l}}\right)\tag{6-8}$$

潘钦等[124]通过分子动力学模拟研究，揭示了气-液相界面附近的微尺度物理现象：汽化、冷凝、汽化或冷凝后分子被弹回、分子的交换。研究表明，水分子中氢键对靠近气-液相界面的分子行为有重要的影响，有可能降低汽化系数。他们还给出了汽化系数的估算式：

$$\sigma_{vap}=\frac{C_1C_2}{\dfrac{A_i}{V}\left(\dfrac{M}{2\pi R}\right)^{1/2}\dfrac{p_L}{T_L^{1/2}}}\tag{6-9}$$

式中，C_1、C_2 分别为气相分子数密度的拟合系数；A_i 为界面面积；V 为气相侧的体积；M 为摩尔质量；T_L 为界面温度；p_L 为界面温度下的饱和压力。

当气相的温度 T_v 不是很低时，可假设 $(T_v-T_l)/T_v\ll1$，则式(6-8)可表示为如下形式：

$$J=\frac{2\sigma}{2-\sigma}\cdot\frac{p_v}{\sqrt{2\pi RT_v}}\left(\frac{p_v-p_l}{p_v}-\frac{T_v-T_l}{2T_v}\right)\tag{6-10}$$

当压力为 0.1 kPa 时，式(6-10)中右边圆括弧中第二项为第一项的 3%～4%；当压力升高时，第二项的值相对第一项更小，即 $\dfrac{p_v-p_l}{p_v}\gg\dfrac{T_v-T_l}{2T_v}$。因此，第二项的值可以忽略，则式(6-10)可简化为：

$$J=\frac{2\sigma}{2-\sigma}\cdot\frac{p_v-p_l}{\sqrt{2\pi RT_v}}\tag{6-11}$$

假设沸腾过程中气液两相处于平衡状态，即 $T_l=T_{sat}$。应用 Clapeyron 方程可得：

$$\frac{dp}{dT}=\frac{h_{lv}}{T(v_v-v_l)}\tag{6-12}$$

由式(6-12)可得：

$$p-p_{sat}=\frac{h_{lv}}{T(v_v-v_l)}(T-T_{sat})\tag{6-13}$$

将式(6-13)代入式(6-11)，可得：

$$J=\frac{2\sigma}{2-\sigma}\cdot\frac{h_{lv}}{\sqrt{2\pi RT_{sat}}}\cdot\left(\frac{\rho_v\rho_l}{\rho_l-\rho_v}\right)\frac{T-T_{sat}}{T_{sat}}\tag{6-14}$$

则相变过程中液相向气相传递的热流密度为：

$$\dot{q}=h_{\mathrm{lv}}J=\frac{2\sigma}{2-\sigma}\cdot\frac{h_{\mathrm{lv}}^{2}}{\sqrt{2\pi RT_{\mathrm{sat}}}}\cdot\left(\frac{\rho_{\mathrm{v}}\rho_{\mathrm{l}}}{\rho_{\mathrm{l}}-\rho_{\mathrm{v}}}\right)\frac{T-T_{\mathrm{sat}}}{T_{\mathrm{sat}}} \tag{6-15}$$

6.2.2 边界压力模型

本书的计算模型采用压力出口边界。容器出口处的压力影响容器内介质的饱和温度,从而影响沸腾的剧烈程度。试验容器的降压泄放过程可以用喷管流动模型来表示。试验容器内的介质主要以两相流的形式喷出容器,介质在泄放过程中的压力、温度、气相的质量分数等相关参数都在变化,这些都会影响出口压力。

Leung[125]在1986年首次提出了计算闪蒸两相临界压力的 ω 参数法,ω 为可压缩流动因子。

$$\omega_{1986}=\frac{\dot{x}_0V_{\mathrm{lv0}}}{V_0}+\frac{c_{\mathrm{l0}}T_0p_0}{V_0}\left(\frac{V_{\mathrm{lv0}}}{V_{\mathrm{lv0}}}\right)^2 \tag{6-16}$$

1995年,Leung又对此公式做了修正[126]:

$$\omega_{1995}=\frac{\dot{x}_0V_{\mathrm{lv0}}}{V_0}\left(1-2\,\frac{p_0V_{\mathrm{lv0}}}{h_{\mathrm{lv0}}}\right)+\frac{c_{\mathrm{l0}}T_0p_0}{V_0}\left(\frac{V_{\mathrm{lv0}}}{h_{\mathrm{lv0}}}\right)^2 \tag{6-17}$$

式中,下标0代表压力滞止状态;x_0 为滞止状态下气相的质量分数;V_0 为混合相的比体积,$V_0=\dot{x}_0V_{\mathrm{v0}}+(1-V_0)V_{\mathrm{l0}}$;$c_{\mathrm{l0}}$ 为液体相比热容;V_{lv0} 为气液两相比体积之差,$V_{\mathrm{lv0}}=V_{\mathrm{v0}}-V_{\mathrm{l0}}$;$h_{\mathrm{lv0}}$ 为相变焓,$h_{\mathrm{lv0}}=h_{\mathrm{v0}}-h_{\mathrm{l0}}$。

公式(6-16)和式(6-17)中的第1项反映了由于存在气体、初始两相混合物的可压缩性,第2项则考虑了由于快速降压导致相变而引起的可压缩性[68]。显然,此方法只依赖于初始状态参数,ω 越大,表示混合物的可压缩性越大。对饱和两相混合流动,ω 法是一种等熵的均相平衡模型(homogeneous equilibrium model,HEM),即不考虑气液两相间的相对滑移。由于均相平衡模型通常会低估泄放速率[127],迪纳(Diener)等[128]和施密特(Schmidt)[129]考虑了非平衡的因素(沸腾延迟、两相间存在相对滑移),在Leung的模型的基础上,引入了半经验的非平衡因子 $N(0\leqslant N\leqslant 1)$。因此,参数 ω 的求解如下:

$$\omega=\frac{\dot{x}_0v_{\mathrm{lv0}}}{v_0}+\frac{c_{\mathrm{l0}}T_0p_0}{v_0}\left(\frac{V_{\mathrm{lv0}}}{h_{\mathrm{lv0}}}\right)^2N \tag{6-18}$$

其中,非平衡因子 N 由下式得到:

$$N=\left[\dot{x}_0+c_{\mathrm{l0}}T_0p_0\,\frac{V_{\mathrm{lv0}}}{h_{\mathrm{lv0}}^2}\cdot\ln\left(\frac{1}{\eta_{\mathrm{cr}}}\right)\right]^a \tag{6-19}$$

式中,a 为经验指数,对于孔板、控制阀、短喷嘴等结构,取 $a=0.6$;对于安全阀、大开启面积控制阀等结构,取 $a=0.4$;对于长喷嘴、大开口面积比孔板等结构,取 $a=0$。

对于本书的喷管流动模型,可取指数 $a=0.6$。

当 $\omega \geqslant 2$ 时:

$$\eta_{cr}=0.55+0.217(\ln\omega)-0.046(\ln\omega)^2+0.004(\ln\omega)^3 \tag{6-20}$$

当 $\omega<2$ 时:

$$\eta_{cr}^2+(\omega^2-2\omega)(1-\eta_{cr})^2+2\omega^2\ln\eta_{cr}+2\omega^2(1-\eta_{cr})=0 \tag{6-21}$$

联立式(6-18)、式(6-19)、式(6-20)和式(6-21),通过迭代法可求出临界压比 η_{cr},则容器出口处的临界压力为:

$$p_{cr}=\eta_{cr}p_0 \tag{6-22}$$

以上为迪纳和施密特的非平衡模型(HNE-DS Model)。当 $N=1$ 时,上述模型即简化为均相平衡模型(HEM)。HNE-DS 模型的基本思想是[130]:将装置的喉部简化为一个无摩擦且绝热的喷嘴。流体为准静态单相流体,即将气液两相看作均匀的混合相,并处于平衡状态。该模型的应用前提是 $p_0/p_{cr}\leqslant 0.5$,或者 $T_0/T_{cr}\leqslant 0.9$。

根据本书试验条件,外界环境压力为大气压 p_b,储罐出口压力为 p_{out},那么:

(1) 当 $p_b<p_{cr}$时,即泄放过程为临界流动,此时:

$$p_{out}=p_{cr} \tag{6-23}$$

(2) 当 $p_b\geqslant p_{cr}$时,即泄放过程为亚临界流动,此时:

$$p_{out}=p_b \tag{6-24}$$

则泄放过程中的压力出口边界应为:

$$p_{out}=\max\{p_{cr},p_b\} \tag{6-25}$$

6.3 数值计算模型及验证

6.3.1 数值计算模型

1) 问题的简化与计算区域

储罐打开之前,气、液两相处于平衡状态,储罐突然开口后,压力突降使得罐内的液体过热,从而发生爆沸及两相流喷射。过热液体的爆沸及泄放过程是一个伴随着相间传热与传质的两相流动过程,是储罐内部压力和气液相变过程相互耦合、能量迅速释放和储罐约束相互耦合等作用共同导致的结果。为了简化计算及突出问题的本质,本书在数值模拟中做了一些简化及假设。

(1) 由于泄放过程极短,一般只有几百毫秒到几秒钟,泄放过程中壁面与介质的换热可忽略不计。计算中将储罐的所有壁面简化为绝热不可移动壁面。

（2）实际储罐为圆筒体，沿储罐中心轴对称。为了简化计算，将储罐的物理模型简化为二维轴对称模型。

（3）任意时刻的汽化潜热取即时压力对应的饱和温度的潜热值。

（4）当液体的温度高于当地即时压力所对应的饱和温度时即发生汽化。

（5）气体除压力外的其他物性参数（热导率、黏度等）和液相的物性参数（密度、热导率、黏度）仅是温度的单值函数。

2）几何模型

根据第5章中泄放试验所用的试验容器建立几何模型，如图6-4所示。为了简化计算，考虑到储罐的轴对称性，采用二维轴对称模型，其尺寸与试验中所用容器尺寸一致。几何模型中包括气相区、液相区、固体壁面、中心对称轴和出口。图中阴影部分标识的为液相区，液相区上方的空白部分为气相区。AB 表示压力出口，通过调整 B 点位置可使压力出口尺寸在0～100 mm变化。除出口处设为压力出口外，其余壁面均设为绝热固体壁面。对应试验容器中压力传感器的位置，设两个压力监测点 p_{top} 和 p_{side}。

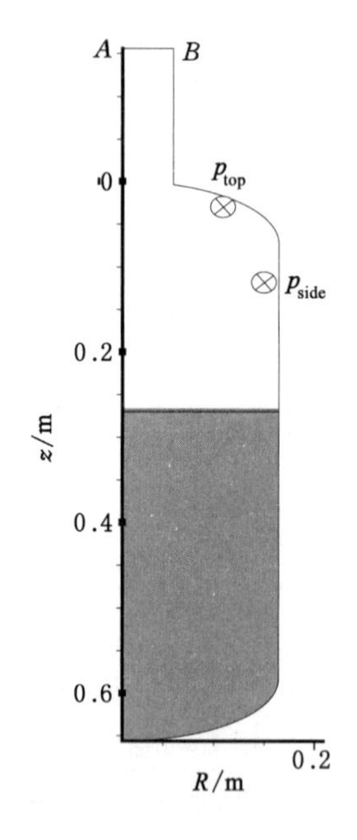

图6-4　几何模型

3）数学模型

介质的降压泄放过程用喷管流动模型来表示，根据6.2节中的边界压力模型确定出口压力 p_{out}。考虑到气液两相的互不混溶特性，本书采用VOF多相流模型求解容器内的气、液两相流运动。基于质量守恒、动量方程及能量方程建立了储罐内液化气体爆沸过程的数学模型，控制方程详见 4.1.3 小节。通过自定义 UDF 函数的方法来实现其爆沸过程中的传质及传热。此外，使用 Realizable 的 k-ε 模型来封闭可压缩的 N-S 方程。同时，采用 SIMPLE 算法求解压力-速度耦合方程。

6.3.2 模型验证

(1) 网格有效性验证

采用 ANSYS 公司的 ICEM CFD 软件划分计算区域网格。对储罐的不同部位进行了分块，其中对封头部位进行了 Y 形剖分，使整个流体计算域均为规则的四边形网格。为了更精确地描述流体在容器边界附近的流动，在靠近内壁面和出口的位置进行了边界层加密。为了排除网格对计算结果的影响，考察了表 6-1 所示的 3 种网格。grid 1 网格的部分区域划分如图 6-5 所示。

表 6-1 计算网格

编号	第一层边界层厚度/mm	边界层数	主体区网格尺度/(mm×mm)	总网格数
grid1	0.9	5	4.2×3.24	10 115
grid2	0.67	7	1.98×3.24	20 781
grid3	0.4	10	1.4×2.29	42 063

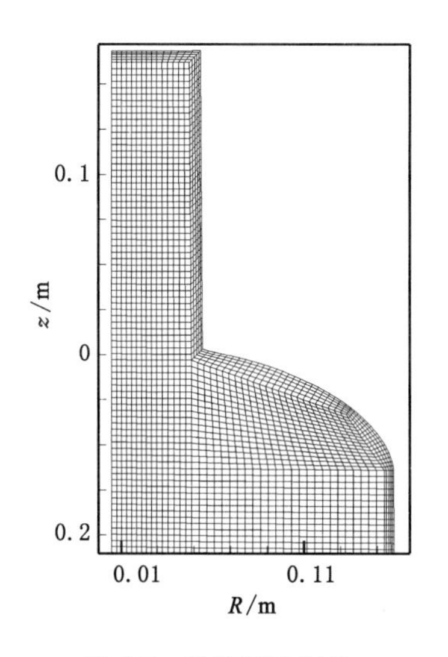

图 6-5 计算网格划分

液化气体沿容器轴线的流动速度是泄放过程的重要流体力学特征，并对爆沸过程的传热传质过程有重要作用，因此这里以容器轴线上的介质速度作为考察变量。图 6-6 对比了 3 种计算网格下 15 ms 时刻的容器轴线上的介质速度分布曲线。此时刻两相流刚开始在液面形成，液面至容器出口为气相流的泄放。从流通截面的变化来看，喷管段截面一致，喷管段的出口端、封头与喷口段的交界处存在较大的流通截面积变化。由图 6-6 可看出，3 种网格的计算结果均显示从容器底部至容器出口的流体速度是逐渐增大的，这符合泄放介质在理论上的流动趋势。由于此时刻处于单一气相流准稳态泄放阶段，喷管段的气体流速分布应该比较均匀，而喷管段的出口端、封头与喷管段的交界处存在较大的截面积变化，这些部位的流体流速会有较大的梯度变化。grid 2 和 grid 3 网格能较好地反映此流动特征，而 grid 1 网格对此特征反映不明显。鉴于 grid 2 和 grid 3 网格的计算结果相差不大，而网格数量相差一倍，本书采用 grid 2 网格对液化气体的泄放及爆沸过程进行模拟。

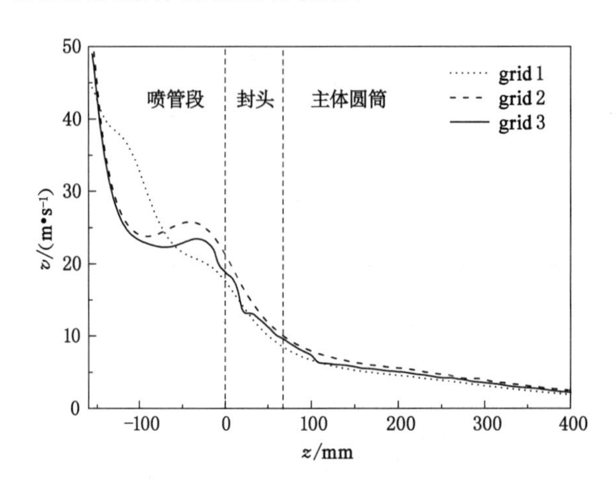

图 6-6　网格有效性验证

时间步长的有效性验证与网格有效性验证同时进行，通过监测计算流场中的“Courant Number”（表征计算时间步长与物理问题特征时间的无量纲参数）确定每种网格下的时间步长，采用使计算过程和计算结果达到稳定的最大值。使用 grid 2 网格时，时间步长取 2×10^{-5} s。

2）实例计算验证

本节以水的泄放试验对本数值计算模型进行实例验证。本书中用代号 BC 标记泄放计算模型的算例，其中算例 BC_1 所模拟的是初始充装率为 58%，泄放口径为 50 mm，初始表压为 0.168 MPa 的过热水泄放试验。与此条件下的试验结果类似,计算得到的两个监测点 p_{side}及 p_{top}的压力响应曲线总体上一致。这里只对比 p_{side}点的试验与计算压力曲线,如图 6-7 所示。

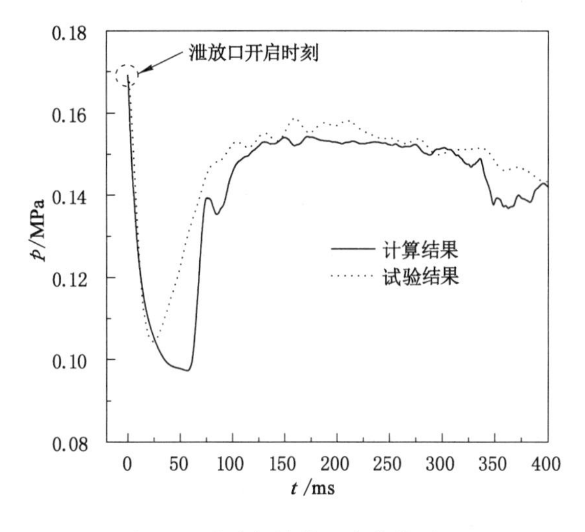

图 6-7　试验与计算压力曲线对比

从图 6-7 可以看出,计算得到的压力曲线与试验测得的压力曲线具有相同的趋势:泄放口突然开启后,压力首先经历一个突降阶段,然后快速反弹,随后压力呈缓慢波动下降。两曲线的压力反弹峰值、压力反弹时间点基本重合,最大偏差在于压力突降幅度,模拟值约低于试验值 10%。由于本书中的泄压模型是基于气液两相泄放所建立的,忽略了泄放初期极其短暂的单一气相泄放阶段,而气、液两相流的降压速率要低于单一气相的降压速率,这就导致计算得到的泄放过程要平缓一些。由于试验条件下的压力突降速率大,液体过热及相变也更快,压力反弹出现的时间也更早。在模拟计算中,压力持续降低至试验谷值以下后,相变引起的升压作用才大于泄压作用,整体压力才开始反弹。从整个泄放过程来看,文中建立的模型较好地捕捉到压力快速降低继而快速反弹的过程,并且试验值与模拟值之间的误差在允许范围内。因此,本书数值计算模型基本正确,可以用来分析液化气体的泄放及爆沸过程。

6.4　爆沸过程分析

6.4.1　两相流膨胀过程分析

图 6-8(a)为计算得到的泄放过程中 p_{side}监测点的压力变化曲线。根据压力

变化,选取了几个有代表性的时间点,其中包括容器刚开口 1 ms 时刻、压力突降到最低点时刻、压力反弹至峰值时刻等。图 6-8(b)通过这几个时刻的气液相图对容器开口后液体爆沸的发展过程进行了演化。下面分析两相流的发展与压力响应之间的关系。

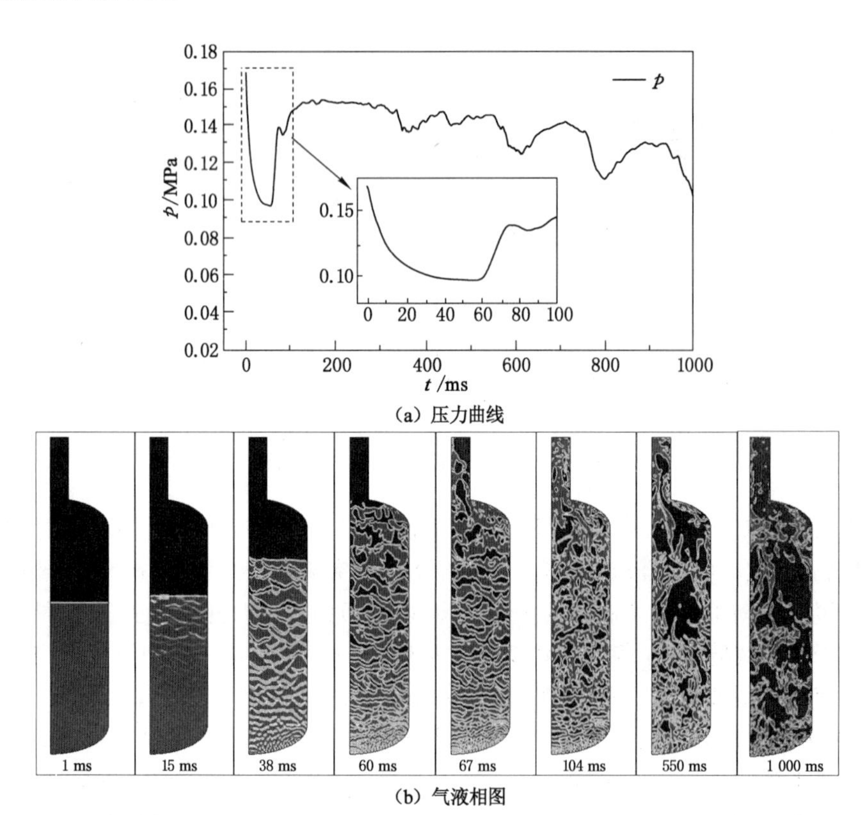

(a) 压力曲线

(b) 气液相图

图 6-8 泄放与爆沸过程演化

1) 容器刚开口

容器开口之前,内部的气、液两相保持平衡,没有相变和介质流动。从容器开口 1 ms 时刻的相图看不出液相发生了明显沸腾。

2) 压力突降阶段

由压力曲线可看出,压力突降阶段大致处于 0~60 ms。在此阶段,压力下降速率逐渐降低,在 38~60 ms 期间压力下降基本停滞。

此阶段的相图显示了液体爆沸及两相流膨胀的过程。液相的沸腾首先从液面处开始,继而向下发展到全部液相区。由此阶段的气液界面的上升趋势可看出，液体汽化使得两相流层不断膨胀，并且膨胀呈逐渐加速的趋势。从 15 ms 时刻的相图可以看出，液相中出现沸腾，但两相流层的膨胀并不明显，此时刻对应的压力在快速下降。从 38 ms、60 ms 时刻的相图可以看出、参与汽化的液体量迅速增大，两相流层的膨胀速度快速提高，对应的压力下降速率开始明显减缓直至停止。当两相流层扩展至上封头时，压力突降阶段结束。根据此阶段的相图可以发现，随着两相流膨胀速率的增大，气相的压力下降速率逐渐降低。

容器的突然开口导致出口附近的压力下降，产生的稀疏波从出口向容器内部传播，使液相从上向下相继进入过热状态，从而导致液体自上而下开始沸腾。在此阶段中液体的过热沸腾滞后于介质的泄放，且沸腾产生的增压效应低于泄放产生的降压效应，从而使压力呈下降趋势。需要说明的是，计算模型中认为只要液体的温度高于当地压力所对应的饱和温度时即发生汽化。实际上液体发生沸腾需要达到一定过热度。由于液面及内壁面存在较多的汽化核心，其附近液体产生沸腾所需的过热度相对较低，故实际上沸腾应是从液面和壁面发起向中心扩展的。由于液相沸腾开始后不久即发展为紊乱的两相流，使得过热液体处于类似均匀核化的状态，宏观上简化的模型与实际情况差别不大。

3）压力反弹阶段

当膨胀的两相流几乎充满容器时，p_{side}的压力开始反弹。该阶段大致处于 60～104 ms。模拟结果显示整个液相区发展为紊乱的剧烈沸腾的两相流。在此阶段中，液体沸腾的增压作用超过了泄放的降压作用，内部压力呈升高趋势。

4）压力缓慢下降阶段

104 ms 之后，p_{side}的压力呈缓慢下降趋势。由 104 ms、550 ms、1 000 ms 时刻的相图可以看出，随着泄放的进行，两相流中的液体比例在逐渐降低，两相流的气液分布也逐渐变得不均匀。由于液体的平均温度随着汽化的进行而不断降低，液体的量也随着泄放在减少，导致容器内两相流的增压能力逐渐减弱。

由压力的波动变化与爆沸的演化过程可看出，两相流膨胀经历了滞后、加速、稳定发展、减弱几个过程，分别对应压力突降、降压减慢、压力反弹、压力下降几个阶段。结果表明，两相流的膨胀起到使容器内部压力回升的作用，两相流的膨胀速率越大，其产生的增压作用越强。

6.4.2 压力响应与沸腾强度关系

图 6-8 中的压力曲线只显示了一个监测点的压力变化，为了体现容器内部空间的压力分布随时间的变化，图 6-9 展示了容器内不同时刻的压力分布图。图 6-8 中的相图虽然能够显示液体的爆沸过程，但是无法定量分析过热液体的沸腾强度。6.3.1 小节定义了单位体积传质速率（汽化速率），即单位时间内单

位体积的液体发生汽化的质量，可作为描述液体沸腾强度的重要参数。图 6-10 显示了不同时刻容器轴线上的汽化速率及压力的分布。为了与图 6-8 相对应，图 6-9 和图 6-10 选择了与图 6-8 中相同的 8 个时间点。下面分析泄放过程中的压力响应与沸腾强度之间的关系。

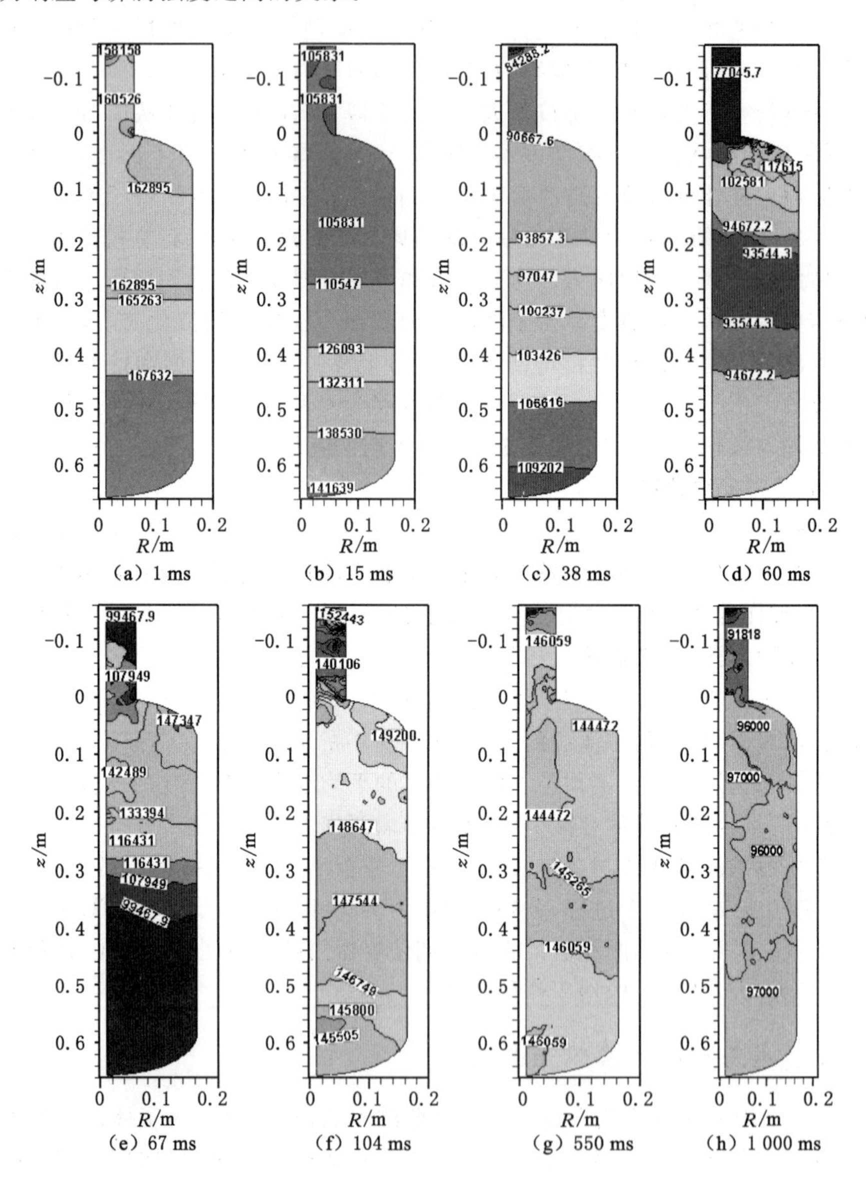

图 6-9　不同时刻的储罐内部压力分布(单位:Pa)

1）容器刚开口

容器开口 1 ms 时刻的压力分布见 6-9(a)，储罐内的压力分布总体上是沿竖直方向(z 轴方向)从罐底至出口逐渐降低的。图 6-10(a)中的轴线压力分布曲线显示，气相区已经产生了明显的压降，但液相主体区的压降不明显，只有液面附近的液体出现了较明显的压降。图 6-10(a)中的汽化速率分布曲线显示：表层液体已经发生了汽化，液相主体区没有发生汽化。以上结果说明，此时刻的稀疏波对液面起到扰动作用，液面附近的极少量液体已经过热并发生沸腾，但液相主体区还未受到降压的影响。

2）压力突降阶段

图 6-9(a)～图 6-9(d)显示了压力突降阶段的内部压力响应过程。由图 6-9(a)～图 6-9(c)可以看出，在 0～38 ms 期间，内部压力呈现从罐底至出口逐渐降低的分布，且各点的压力都在随时间而降低。这说明在压力快速下降阶段，泄压起主导作用，沸腾的增压作用还比较小。图 6-9(d)显示，在 60 ms 时刻，容器的下半部分压力仍较之前在下降，但容器的上半部分压力已出现回升迹象，尤其上封头与直筒段交界处的压力回升得最快。结果表明，在压力下降停滞阶段，泄压作用与沸腾的增压作用已基本接近。

由图 6-10(a)～图 6-10(d)可看出，在压力突降阶段，液相的汽化速率是逐渐增大的。汽化速率的最大值从 1 ms 时刻的 1 $kg/(m^3 \cdot s)$提高到了 60 ms 时刻的 14 $kg/(m^3 \cdot s)$，表明压力的快速下降使得液体获得的过热度不断增大，从而汽化速率随之提高。由汽化速率分布图还可以看出，汽化区域也由初期的液面区扩展到了全部液相区，说明随着稀疏波的传递，液体由上至下逐层进入过热态。液体的汽化速率与汽化区域的增大使得液体的总汽化速率提高。

由图 6-10(a)～图 6-10(d)还可看出，在压力突降初期，液相的汽化速率呈不均匀分布，从上向下逐渐减小。与汽化速率的不均匀分布相对应，压力突降初期的液相区产生了较大的压力梯度，汽化速率越高的区域产生的压力梯度越大。随着汽化速率分布的均匀化，液相区的压力由上高下低的分布转变为基本均匀的分布，60 ms 时刻处于压力突降阶段的末期，此时上封头区域的压力略高于其他位置。

以上结果表明，液体汽化起到了增压的作用，从而影响了压力的分布。压力突降阶段是由泄放降压起主导作用转向沸腾增压起主导作用的过程。在此阶段末期，沸腾的增压效果与泄放的降压效果基本持平，其中上封头附近的沸腾产生的增压效果比泄放的降压效果还要强一些。

3）压力反弹阶段

60～104 ms 属于压力反弹阶段。从此阶段的压力分布随时间的变化来看，

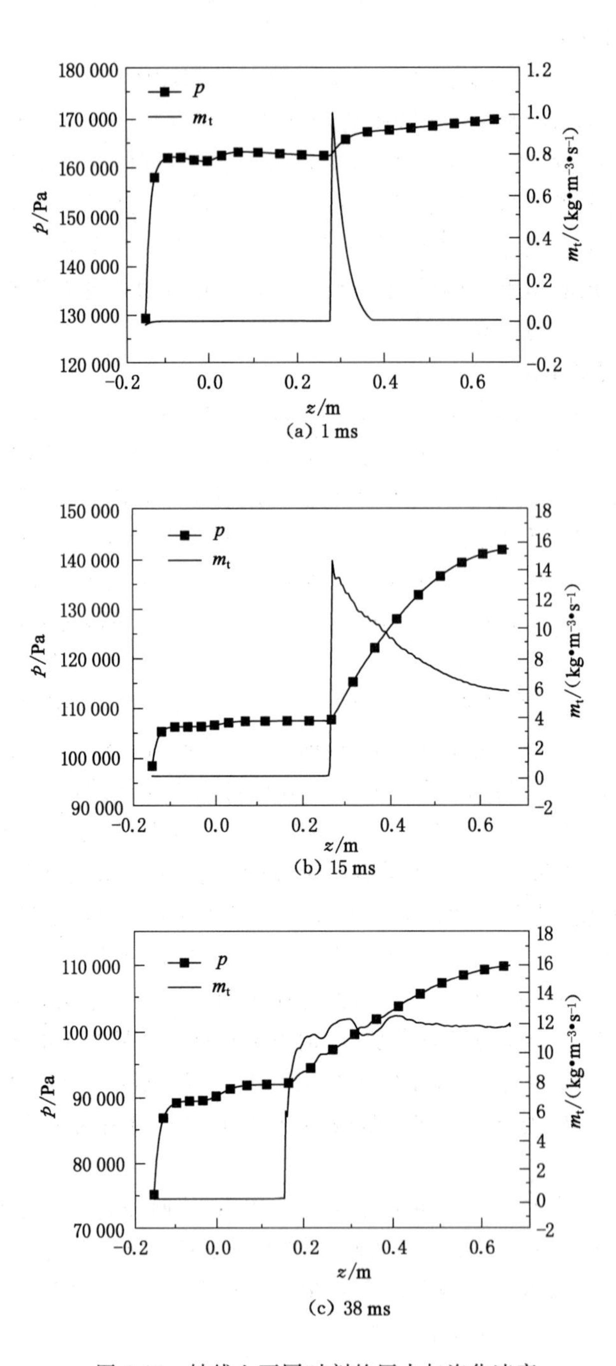

(a) 1 ms

(b) 15 ms

(c) 38 ms

图 6-10　轴线上不同时刻的压力与汽化速率

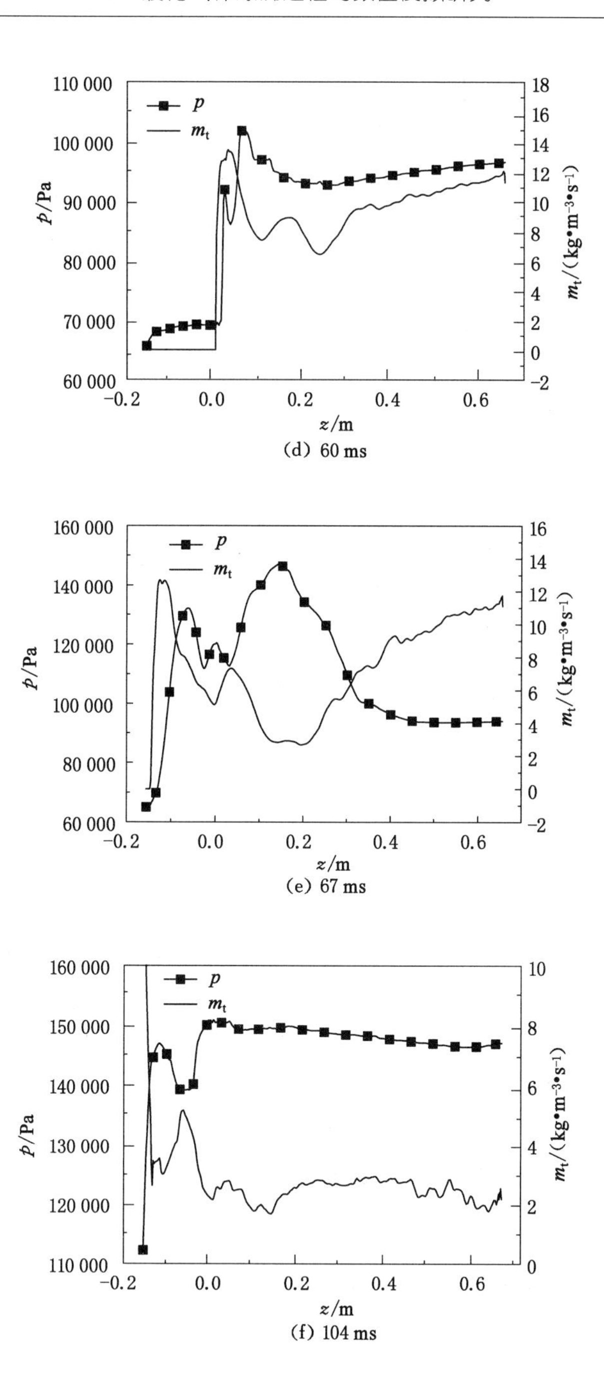

(d) 60 ms

(e) 67 ms

(f) 104 ms

图 6-10(续)

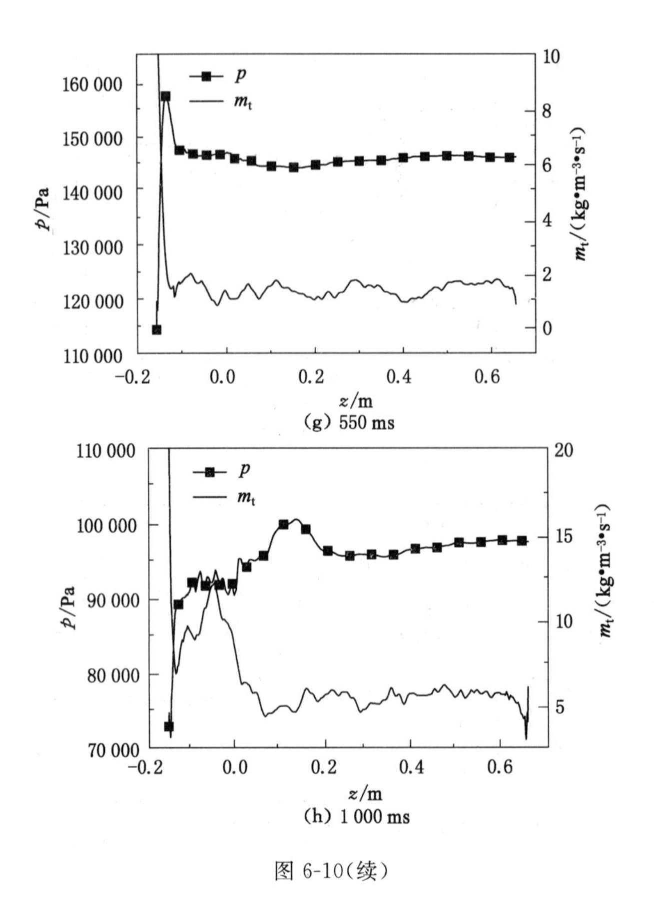

(g) 550 ms

(h) 1 000 ms

图 6-10(续)

压力最先出现回升的区域在上封头附近，而后由上封头向下直到整个容器内的压力都开始回升。总体上看，容器内部各区域的压力是全面回升的，其中上封头与筒体交界处的压力反弹值相对较高。上封头附近较高的压力反弹值应该是上封头对两相流膨胀的阻碍作用所致。由此可以推断，对于部分失效的储罐，裂缝周围壳体对两相流有阻碍作用，所受的压力冲击是最大的，从而易导致裂缝继续扩展。由图 6-10 可以看出，在两相流膨胀到上封头后，容器轴线上的压力按照从上封头至罐底的顺序继续升高，直到容器轴线上的压力基本一致。

从图 6-10 中的汽化速率曲线可以看出，此阶段汽化速率的峰值沿轴向不断向出口处推移。这是因为爆沸产生的膨胀两相流层是向出口推移的，而且在两相流层与气相的界面附近气泡的形成、长大及溃灭最为剧烈，因此两相流区与气相区的界面附近的汽化速率最高。另外，随着压力分布的变化，汽化速率从出口至罐底逐渐降低，当容器内压力基本一致时，平均汽化速率大致从最初的

10 kg/(m^3 · s)下降到了 2 kg/(m^3 · s)。这说明压力的回升对汽化产生了抑制作用。由图 6-10(f)可以很清楚地看出,压力与沸腾强度的耦合关系:压力高的区域汽化速率低,压力低的区域汽化速率相对较高。

4) 压力缓慢下降阶段

104 ms 之后属于压力缓慢下降阶段。由此阶段的压力分布图可看出,容器内部的压力远高于容器出口附近的压力,容器内部压力基本一致,且均随时间逐渐降低。由此阶段的压力与汽化速率分布曲线可看出,由于容器出口附近的压力远低于容器内部压力,容器出口附近液体的汽化速率远高于容器内部液体的汽化速率。550 ms 与 104 ms 时刻的压力相差不大,但汽化速率有所下降,说明随着汽化的进行,储罐内部液体的过热度不断降低,其沸腾强度也整体上趋于减弱。由于此阶段的压力呈波动性下降,汽化速率也随压力变化而产生一定波动。由图 6-10 可以看出,1 000 ms 时刻的容器内部压力远小于 550 ms 时刻的容器内部压力,而 1 000 ms 时刻的汽化速率有所升高,说明压力下降速率过快,导致沸腾强度回升。

本节通过综合分析数值模拟得到的压力变化曲线、气液相图、压力分布图和汽化速率分布曲线等结果,对液化气体的爆沸过程有了较清晰的认识。总体来看,储罐的泄压和介质的过热沸腾相互作用,共同决定了容器内的压力变化。储罐的泄压有使容器内压力降低的趋势;介质的过热沸腾使得液体变为膨胀的两相流,有使容器内压力升高的趋势。容器内压力与沸腾强度存在明显的耦合关系:压力降低使得沸腾强度增大,沸腾的加剧又会导致压力的回升,压力的回升又反过来抑制沸腾。

6.5 热分层对爆沸的影响分析

第 5 章通过试验初步研究了热分层对爆沸过程的影响,由于在试验中不能随意控制液相的温度分布,且从试验中无法获得介质的流动及相变参数等信息,阻碍了对此问题的深入研究。本节将采用数值模拟的方法,模拟多种热分层条件下的液体泄放及爆沸过程,以分析液相的热分层对爆沸过程的影响。

固定初始压力、充装率、泄放口径等初始条件,计算了 4 种不同热分层条件下的算例,各算例的初始条件见表 6-2。算例 BC_1 中的全部液体均为 130 ℃;算例 BC_2 中的液体温度从液面处的 130 ℃线性降低到底部的 115 ℃;算例BC_3中的液体温度从液面处的 130 ℃线性降低到底部的 100 ℃;算例 BC_4 中的液相平均分为上下两层,上层液体均为 130 ℃,下层液体均为 100 ℃,上下层液体间存在温度阶跃。根据式(2-1)对热分层度 η 的定义,算例 BC_1、BC_2、BC_3、BC_4 中的液相热分层度分别为 1.00、1.06、1.13、1.13。虽然算例 BC_3 和算例 BC_4 中的液相整体热分层度均为 1.13,但液相的温度分布不同,算例 BC_4 中的上层液体的平均温度高于算例 BC_3。4 组算例中的压力响应曲线如图 6-11 所示。

表 6-2 变热分层泄放算例

编号	初始表压/MPa	充装率/%	泄放口径/mm	分层度	温度梯度
BC_1	0.168	58	50	1.00	无
BC_2	0.168	58	50	1.06	均匀
BC_3	0.168	58	50	1.13	均匀
BC_4	0.168	58	50	1.13	阶跃

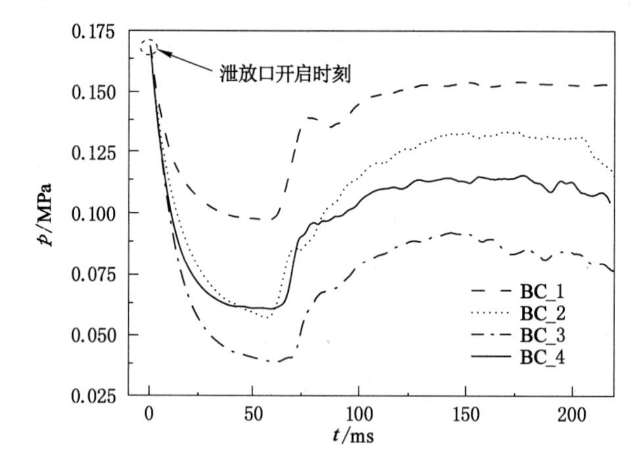

图 6-11 变分层条件下的压力响应模拟结果

算例 BC_1、BC_2、BC_3 中的液体温度均为线性变化,热分层度依次增大。图 6-11 显示,3 组算例中的压力突降幅度依次增大,压力突降速率依次升高,压力反弹峰值依次降低。对比结果表明,热分层度的增大使得压力反弹的能力降低,这与第 5 章中的试验规律是一致的。

算例 BC_1、BC_4 中的上半部分液体温度一致,但算例 BC_1 中的下半部分液体温度远高于算例 BC_4。相对于算例 BC_1,算例 BC_4 中的压力突降幅度较小、压力突降速率较小、压力反弹峰值较低。算例 BC_3、BC_4 中的液相热分层度相同,但算例 BC_4 中的上层液体的平均温度高于算例 BC_3。相对于算例 BC_3,算例 BC_4 中的压力突降幅度较小、压力突降速率较小、压力反弹峰值较高。算例 BC_4 分别与算例 BC_1、BC_3 的对比表明,泄放过程的压力响应不仅与液体的整体能量有关,还与上层液体的能量有很大关系。液体的整体能量越大，尤其是上层液体的能量越大，越容易获得较高的压力反弹。

图 6-12 为 4 组算例中的液体在降压开始 15 ms 时刻的气液相图。由图可知，容器开口后 15 ms，算例 BC_1 中的全部液相区域都发生了汽化，算例 BC_4 中温度为 130 ℃的上半部分液相发生了汽化，算例 BC_2、BC_3 中的上层液相区发生了汽化，且算例 BC_2 中的汽化区域要大于算例 BC_3。以上结果表明，液体内部的温度分布影响了其降压后的汽化区域，降压使得温度较高的液体首先过热沸腾，温度低于当前压力所对应的饱和温度的液体不会过热沸腾。

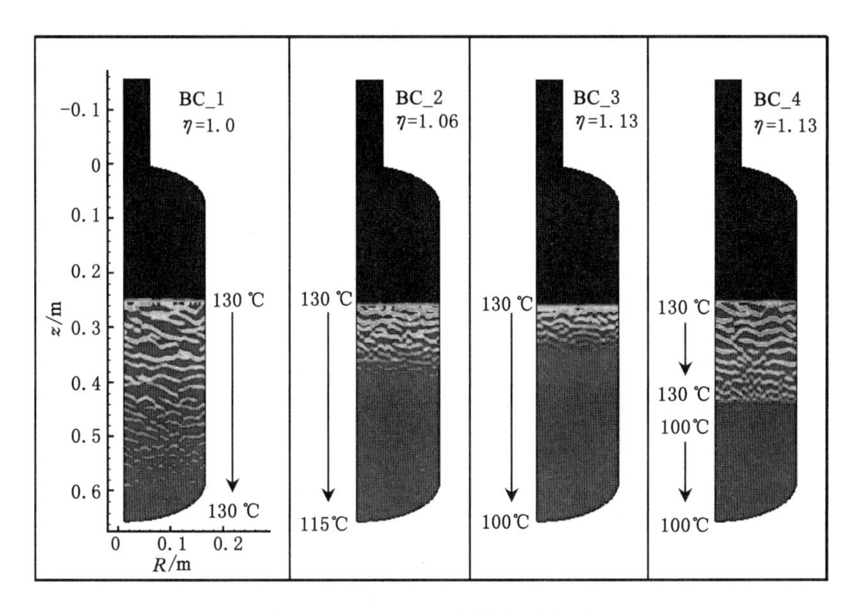

图 6-12　15 ms 时刻的气液相图

图 6-13 为 15 ms 时刻的容器轴线上的压力分布及汽化速率分布。根据图 6-13 可知，在压力突降阶段，容器轴线上的压力从出口向罐底递减，气相压力远低于液相压力。单纯气相区和单纯液相区的压力梯度都较小，两相流区的压力梯度较大，并且压力梯度随本地汽化速率的增大而增大。以算例 BC_4 为例，处于轴向坐标 268～448 mm 的上层液体的温度为 130 ℃，降压后此部分液体过热并发生汽化，该区域的压力增高梯度随之增大；轴向坐标在 448～656 mm 的下层液体温度为 100 ℃，降压后不发生汽化，该区域的压力梯度基本为零。图 6-13 表明，液相区的汽化使得液相形成了自上而下的压力梯度，汽化越剧烈，其增压作用越强。

由图 6-13 可以看出，4 组算例中的表面液体的汽化速率接近，但液面以下的汽化速率差别较大，这使得全部液相的总汽化速率存在差异。根据图 6-13 所

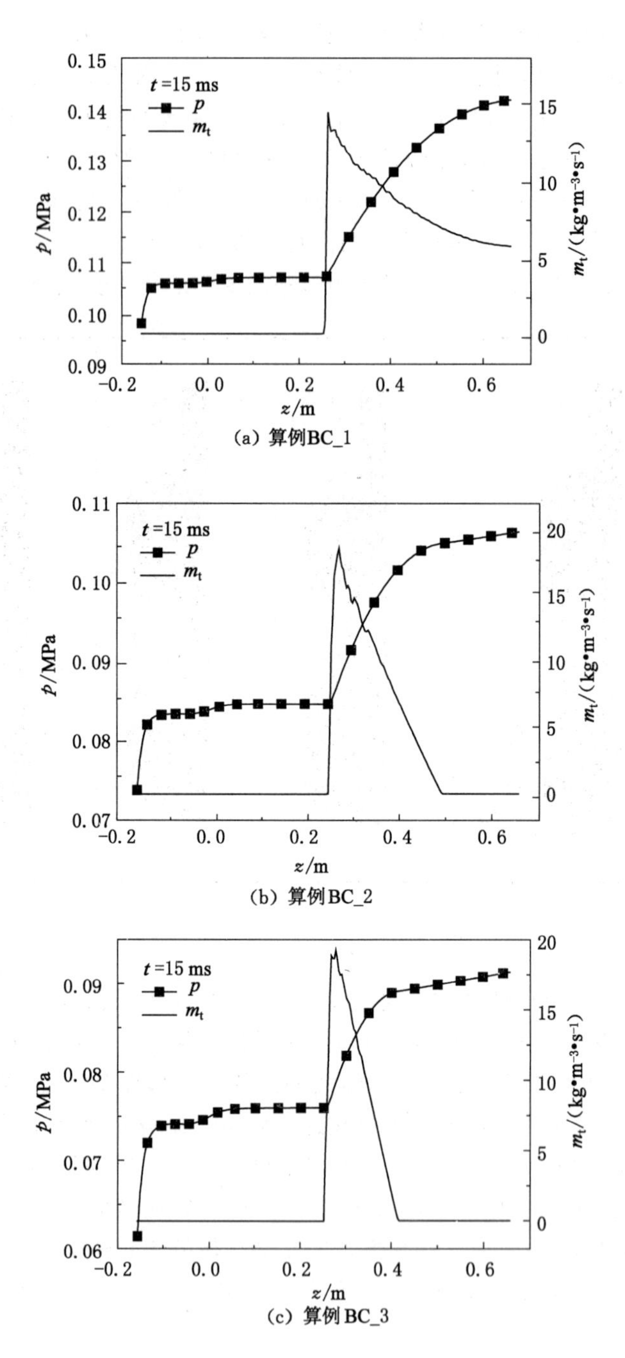

图 6-13　不同分层度下轴线上压力与汽化速率

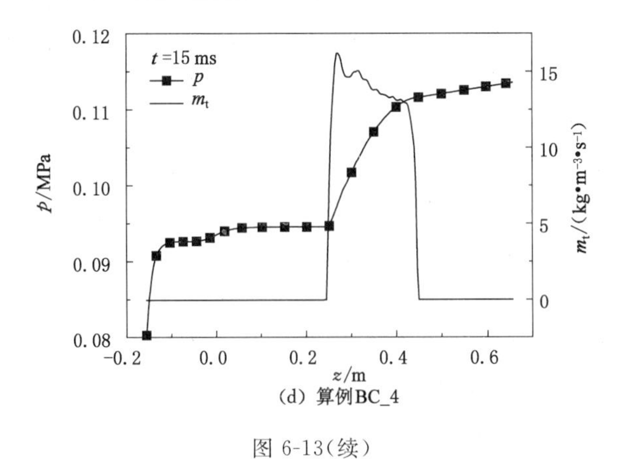

(d) 算例BC_4

图 6-13(续)

示的单位体积的汽化速率分布,可推算出算例 BC_1～BC_4 中全部液体的总汽化速率分别为 0.24 kg/s、0.15 kg/s、0.12 kg/s、0.19 kg/s。结合各算例的温度分布和总体汽化速率,发现总体汽化速率不仅与液相的平均温度有关,还与上层液相的温度梯度有关,平均温度的降低和上层液相温度梯度的增大都会使降压后的汽化速率变小。较低的汽化速率意味着较低的能量释放速率。

在降压开始 100 ms 时刻,4 组算例中的压力均处在反弹峰值附近,各算例在此时刻的气液相图见图 6-14。

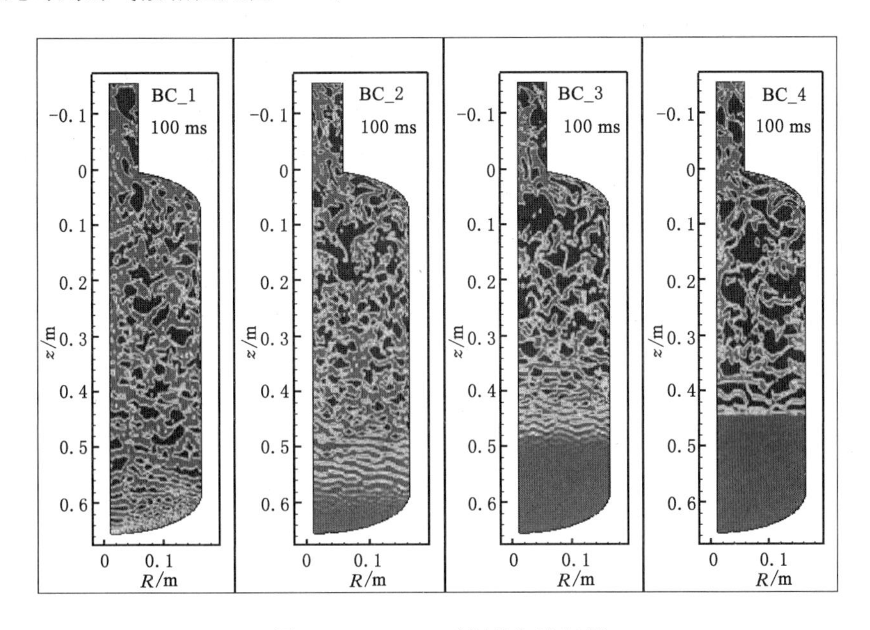

图 6-14 100 ms 时刻的气液相图

由图 6-14 可看出：算例 BC_1 中的全部液相均发生了沸腾；算例 BC_2 中的下层少量液体未参与沸腾；算例 BC_3 中未参与沸腾的液体比算例 BC_2 中更多；算例 BC_4 中下半部分液体未沸腾，但上半部分液体已发生汽化的比例远大于算例 BC_2、BC_3。以上结果表明，无热分层液体的沸腾几乎是整体同时进行的，而对于存在温度梯度的液体，其沸腾区域是自上向下随时间扩展的。温度梯度越大，沸腾的时间也就越长，从而降低了液体的能量释放速度，进而减小了爆沸引起的压力反弹。

通过本节的模拟与分析，可得出热分层影响液体的总能量和能量分布，从而影响泄压后的压力反弹。在相同的初始压力下，较低的液体总能量，尤其是较低的上层液体能量，会使泄压后的压力反弹较小。从这一角度来看，使液相保持较高的热分层有利于预防 BLEVE 的发生。

6.6 本章小结

本章在第 5 章液化气体快速泄放试验的基础上，对液化气体泄放及爆沸过程进行了数值模拟研究。主要工作及结论如下：

(1) 建立了描述液化气体的泄放及爆沸过程的物理及数学模型，用喷管流动模型描述容器中两相流的泄放过程，使用非平衡模型确定出口压力，依据经典分子动力学理论确定相变速率。基于 FLUENT 软件平台，采用 VOF 多相流模型，通过自定义 UDF 函数的方法来实现其传质及传热过程。进行了模型的网格和时间步有效性验证以及实例验证，模拟结果与试验结果吻合较好。

(2) 对爆沸过程的数值模拟结果进行了理论分析。容器内的压力变化是储罐的泄压和介质的过热沸腾共同作用的结果：储罐的泄压有使容器内压力降低的趋势；介质的过热沸腾使得液体变为膨胀的两相流，有使容器内压力升高的趋势。压力与沸腾强度之间是相互耦合的关系：压力降低使液体的过热度增大，从而加剧沸腾，沸腾的加剧会导致压力的回升，压力的回升又会对沸腾产生抑制作用。

(4) 液体的热分层影响其总能量与泄压后的能量释放速率，从而影响压力反弹。在相同的初始泄放压力下，热分层条件下的液体总能量较低，从而使泄压后的爆沸强度和压力反弹较小；此外，上层液体的爆沸对储罐的压力反弹作用更大，在液体的总能量相同时，上层液体的能量越低，储罐的爆沸强度和压力反弹越小。

7 总　　结

7.1 研究结论

液化气体储罐在火灾热侵袭条件下，内部介质的温度与压力升高，罐体强度下降，最终可能引发危害性极大的沸腾液体膨胀蒸气爆炸(BLEVE)。为了深入揭示此过程中的热分层产生及消除机理以及 BLEVE 机理，本书建立了用于模拟液化气体热响应及 BLEVE 过程的试验系统，进行了液化气体加热试验和快速泄放试验，并对试验过程建立了数值计算模型，通过一系试验研究和数值模拟研究，得到了液化气体热分层及爆沸过程的影响因素及影响机理。具体结论如下：

(1) 液化气体的热分层分为形成、发展、消除几个阶段。在侧壁加热条件下，边界层的浮升流形成热分层区，热分层的形成阶段是热分层区向下扩展的过程。当液相为单相自然对流时，热分层可以稳定维持。当液相的汽化速率较高时，内壁面上出现核态沸腾，沸腾使得饱和层液体内部形成速度较快的环流，对过冷液体区产生较强的扰动与卷吸，从而促使热分层消除。

(2) 在容器的气、液相壁同时受热条件下，气相向液相传热，液面获得较强的热流密度，使得液相形成明显的热分层，热分层度及热分层的维持时间随气相壁受热强度的增大而增大。当气相壁不受热时，液相的热分层度较小。在热分层稳定发展阶段，液相的传热传质以单相自然对流为主，液相各点的升温速率与热流密度成正比。在热分层消除阶段，壁面上的核态沸腾逐渐增强，热流密度越大，沸腾对过冷液体区的扰动作用越强，热分层消除得越快。

(3) 介质的物性影响其对流传热及相变速率，从而对热分层产生影响。当介质的饱和蒸气压较低而液柱静压较大时，下层液体的饱和温度明显高于上层液体，使得下层液体的沸腾受到抑制，下层液体的热分层在无沸腾条件下不易消除。介质的物性会影响容器输入热流的空间分布、分层区的扩展速度、气相空间内冷凝液的蒸发速度、液相的沸腾强度与核化点分布，从而影响热分层。

(4) 介质的快速泄放试验显示，压力突降引发两相流的膨胀，使压力呈现“降压-升压-降压”的响应过程。通过分析爆沸过程的数值模拟结果，揭示了储罐的泄压和介质的过热沸腾两种机制间的耦合关系。压力降低使液体过热度增大，从而加剧沸腾，沸腾的加剧会导致压力的回升，压力的回升又会对沸腾产生抑制作用。

(5) 通过统计分析泄放试验中的压力响应参量，并结合泄放过程的图像，研究了充装率、泄放口径、热分层对压力响应的影响。研究结果显示，压力反弹比随充装率增大而提高，充装率在60%附近时的压力反弹幅度最大；增大泄放口径会使压力突降幅度、压力突降速率、压力反弹幅度、压力反弹速率均增大；介质的热分层度越高，压力突降幅度越大，爆沸所产生的压力反弹峰值越低。在试验研究的基础上，采用数值模拟方法研究了热分层对爆沸过程的影响，结果表明，在相同的初始泄放压力下，热分层条件下的液体总能量较低，从而使泄压后的爆沸强度和压力反弹较小；此外，上层液体的爆沸对储罐的压力反弹作用更大，在液体的总能量相同时，上层液体的能量越低，储罐的爆沸强度和压力反弹越小。

7.2 主要创新点

本书主要有以下几点创新：

(1) 揭示了液化气体热分层的形成和消除机理，以及受热条件和介质条件对热分层的影响规律。在壁面边界层热流体的单相浮升力作用下，介质内部形成稳定的热分层；当加热壁面上出现核态沸腾后，沸腾的虹吸作用对过冷液体区产生较强的扰动，促使热分层消除。在以上机制作用下，气相区受热增强可使液面获得的热流密度增大，从而增大热分层度及热分层维持时间；介质条件影响沸腾核化点的分布及汽化速率，壁面核化范围越大，汽化速率越高，液相热分层程度越小且较快消除。

(2) 揭示了液化气体的爆沸机理及其受泄压条件和介质条件的影响规律。液化气体的爆沸是储罐的泄压和介质的过热沸腾两种响应机制耦合作用的结果，随着泄压产生的稀疏波在液相区的传递，介质逐层过热并发生爆沸，形成迅速膨胀的两相流，使容器压力呈现波动式响应特征。泄放口径的增大导致较大的压力反弹幅度和压力反弹速率；充装率在60%附近时产生最大的压力反弹幅度。

(3) 揭示了热分层对液化气体爆沸过程的影响机理。在相同的初始泄放压力下，热分层条件下的液体总能量较低，从而使泄压后的爆沸强度和压力反弹较小；上层液体的爆沸对储罐的压力反弹作用更大，在液体的总能量相同时，上层液体的能量越低，储罐的爆沸强度和压力反弹越小。从这一角度来看，使液相保持热分层，尤其是上层液体保持较高的分层度，可以降低液体的总能量与能量释放速率，从而降低泄压后的压力反弹，有利于预防 BLEVE 事故的发生。

参考文献

[1] MOODIE K. Experiments and modelling: An overview with particular reference to fire engulfment[J]. Journal of hazardous materials, 1988, 20: 149-175.

[2] TOWNSEND W, ANDERSON C, ZOOK J, et al. Comparison of thermally coated and uninsulated rail tank cars filled with LPG subjected to a fire environment[R]. Washington, D. C. : U. S. Department of Transportation, 1974.

[3] MOODIE K, COWLEY L T, DENNY R B, et al. Fire engulfment tests on a 5 tonne LPG tank[J]. Journal of hazardous materials, 1988, 20: 55-71.

[4] BIRK A M. Fire tests of propane tanks to study BLEVEs and other thermal ruptures: detailed analysis of medium scale test results[R]. Montreal: Transportation Development Centre, Transport Canada, 1997.

[5] BIRK A M, VANDERSTEEN J D J, DAVISION C, et al. PRV field trials-the effects of fire conditions and PRV blowdown on propane tank survivability in a fire[R]. Montreal: Transportation Development Centre, Transport Canada, 2003.

[6] BIRK A M, POIRIER D, DAVISON C, et al. Tank-car thermal protection defect assessment: fire tests of 500-gallon tanks with thermal protection defects[R]. Montreal: Transportation Development Centre, Transport Canada, 2005.

[7] DROSTE B. Fire protection of LPG tanks with thin sublimation and intumescent coatings[J]. Fire technology, 1992, 28(3): 257-269.

[8] DROSTE B, SCHOEN W. Full scale fire tests with unprotected and thermal insulated LPG storage tanks[J]. Journal of hazardous materials, 1988, 20: 41-53.

[9] SCHOEN W, DROSTE B. Investigations of water spraying systems for LPG storage tanks by full scale fire tests[J]. Journal of hazardous materials, 1988, 20: 73-82.

[10] LANDUCCI G, MOLAG M, REINDERS J, et al. Experimental and analytical investigation of thermal coating effectiveness for 3 m^3 LPG tanks engulfed by fire[J]. Journal of hazardous materials, 2009, 161(2/3): 1182-1192.

[11] SHEBEKO Y N, BOLODIAN I A, FILIPPOV V N, et al. A study of the behaviour of a protected vessel containing LPG during pool fire engulfment[J]. Journal of hazardous materials, 2000, 77(1/2/3): 43-56.

[12] 邢志祥. 火灾环境下液化气储罐热响应动力过程的研究[D]. 南京：南京工业大学，2004.

[13] 邢志祥，赵晓芳，蒋军成. 液化石油气储罐火灾模拟试验(一)：池火灾环境下[J]. 天然气工业，2006，26(1)：129-131.

[14] 邢志祥，赵晓芳，蒋军成. 液化石油气储罐火灾模拟试验(二)：喷射火焰环境下[J]. 天然气工业，2006，26(1)：132-133.

[15] BIRK A M, CUNNINGHAM M H. Liquid temperature stratification and its effect on BLEVEs and their hazards [J]. Journal of hazardous materials, 1996, 48(1/2/3): 219-237.

[16] BIRK A M, POIRIER D, DAVISON C. On the response of 500 gal propane tanks to a 25% engulfing fire[J]. Journal of loss prevention in the process industries, 2006, 19(6): 527-541.

[17] BIRK A M, VANDERSTEEN J D J. The effect of pressure relief valve blowdown and fire conditions on the thermo-hydraulics within a pressure vessel[J]. Journal of pressure vessel technology, 2006, 128(3): 467-475.

[18] PIERORAZIO A J, BIRK A M. Effects of pressure relief valve behavior on 2-phase energy storage in a pressure vessel exposed to fire[J]. Journal of pressure vessel technology, 2002, 124(2): 247-252.

[19] BIRK A M, POIRIER D, DAVISON C. On the thermal rupture of 1.9 m^3 propane pressure vessels with defects in their thermal protection system [J]. Journal of loss prevention in the process industries, 2006, 19(6): 582-597.

[20] BIRK A M. Scale effects with fire exposure of pressure-liquefied gas tanks [J]. Journal of loss prevention in the process industries, 1995, 8(5): 275-290.

[21] BIRK A M. Scale considerations for fire testing of pressure vessels used for dangerous goods transportation[J]. Journal of loss prevention in the process industries, 2012, 25(3): 623-630.

[22] VENART J E S,SUMATHIPALA U K,STEWARD F R,et al. Experiments on the thermo-hydraulic response of pressure liquefied gases in externally heated tanks with pressure relief[J]. Plant/operations progress,1988,7(2):139-144.

[23] 弓燕舞. 液化石油气蒸汽爆炸机理和试验研究[D]. 上海:上海交通大学,2003.

[24] 弓燕舞,林文胜,顾安忠. 分层对液化石油气储罐热响应的影响[J]. 工业加热,2002,31(5):14-16.

[25] 弓燕舞,林文胜,张荣荣,等. 液化石油气分层增压过程[J]. 石油化工设备,2003,32(3):9-12.

[26] 弓燕舞,林文胜,顾安忠. 液化石油气储罐分层增压过程研究[J]. 天然气工业,2004,24(1):86-88.

[27] BAILEY T E,FEARN R F. Analytical and experimental determination of liquid-hydrogen temperature stratification[A]//Advances in Cryogenic Engineering[C]. Boston:Springer,1964:254-264.

[28] TATOM J W,BROWN W H,KNIGHT L H,et al. Analysis of thermal stratification of liquid hydrogen in rocket propellant tanks[A]//Advances in Cryogenic Engineering[C]. Boston:Springer,1964:265-272.

[29] DAS S P,CHAKRABORTY S,DUTTA P. Studies on thermal stratification phenomenon in LH2 storage vessel[J]. Heat transfer engineering,2004,25(4):54-66.

[30] 杨磊. 高真空多层绝热低温容器真空丧失试验研究[D]. 上海:上海交通大学,2008.

[31] RAMSKILL P K. A description of the "engulf" computer codes-codes to model the thermal response of an LPG tank either fully or partially engulfed by fire[J]. Journal of hazardous materials,1988,20:177-196.

[32] BEYNON G V,COWLEY L T,SMALL L M,et al. Fire engulement of LPG tanks:heatup,a predictive model[J]. Journal of hazardous materials,1988,20:227-238.

[33] BIRK A M. Modelling the response of tankers exposed to external fire impingement[J]. Journal of hazardous materials,1988,20:197-225.

[34] BIRK A M. Thermal model upgrade for the analysis of defective thermal protection systems[R]. Montreal:Transportation Development Centre,Transport Canada,2005.

[35] AYDEMIR N U, MAGAPU V K, SOUSA A C M, et al. Thermal response analysis of LPG tanks exposed to fire[J]. Journal of hazardous materials, 1988, 20: 239-262
[36] 俞昌铭,单彦广,肖金生,等. 液化气储罐受热引爆机理分析[J]. 北京科技大学学报,2013,35(4):522-530.
[37] YU C M, AYDEMIR N U, VENART J E S. Transient free convection and thermal stratification in uniformly-heated partially-filled horizontal cylindrical and spherical vessels[J]. Journal of thermal science, 1992, 1(2):114-122.
[38] 李格升,郭蕴华,肖金生. 液化气储运过程事故机理仿真软件开发[J]. 武汉理工大学学报(信息与管理工程版),2003,25(2):32-35.
[39] 郭蕴华,李格升,肖金生,等. 液化气压力容器热响应的计算机仿真[J]. 武汉交通科技大学学报,1999,23(5):480-483.
[40] 葛秀坤. 火灾环境中液化气储罐热响应行为的数值分析[D]. 南京:南京工业大学,2004.
[41] DANCER D, SALLET D W. Pressure and temperature response of liquefied gases in containers and pressure vessels which are subjected to accidental heat input[J]. Journal of hazardous materials, 1990, 25(1/2):3-18.
[42] GURSU S, SHERIF S A, VEZIROGLU T N, et al. Analysis and optimization of thermal stratification and self-pressurization effects in liquid hydrogen storage systems-part 1: model development[J]. Journal of energy resources technology, 1993, 115(3):221-227.
[43] GURSU S, SHERIF S A, VEZIROGLU T N, et al. Analysis and optimization of thermal stratification and self-pressurization effects in liquid hydrogen storage systems-part 2: model results and conclusions[J]. Journal of energy resources technology, 1993, 115(3):228-231.
[44] BIRK A M. Fire testing and computer modelling of rail tank-cars engulfed in fires: literature review[R]. Montreal: Transportation Development Centre, Transport Canada, 2006.
[45] HADJISOPHOCLEOUS G V, SOUSA A C M, VENART J E S. A study of the effect of the tank diameter on the thermal stratification in LPG tanks subjected to fire engulfment[J]. Journal of hazardous materials, 1990, 25(1/2):19-31.
[46] YOON K T, BIRK A M. Computational fluid dynamics analysis of local

heating of propane tanks[R]. Montreal: Transportation Development Centre, Transport Canada, 2004.

[47] 邢志祥,常建国,蒋军成. 液化石油气储罐对火灾热响应的 CFD 模拟[J]. 天然气工业,2005,25(5):115-117.

[48] 弋明涛. 池火与喷射火联合作用下液化气储罐的热及力学响应研究分析[D]. 郑州:郑州大学,2007.

[49] 车威. LPG 储罐在火灾环境中热响应的数值模拟[D]. 大连:大连理工大学,2009.

[50] BI M S, REN J J, ZHAO B, et al. Effect of fire engulfment on thermal response of LPG tanks[J]. Journal of hazardous materials, 2011, 192(2): 874-879.

[51] 赵博. 基于非平衡热力学的 LPG 储罐热响应模拟研究[D]. 大连:大连理工大学,2011.

[52] 巩建鸣,涂善东. 火灾环境下液化气球罐瞬态热响应的有限元分析[J]. 压力容器,2002,19(5):5-8.

[53] MANU C C, BIRK A M, KIM I Y. Stress rupture predictions of pressure vessels exposed to fully engulfing and local impingement accidental fire heat loads[J]. Engineering failure analysis, 2009, 16(4): 1141-1152.

[54] LANDUCCI G, MOLAG M, COZZANI V. Modeling the performance of coated LPG tanks engulfed in fires[J]. Journal of hazardous materials, 2009, 172(1): 447-456.

[55] LIN C S, HASAN M. Numerical investigation of the thermal stratification in cryogenic tanks subjected to wall heat flux[R] Washington, D. C.: National Aeronautics and Space Administration, 1990.

[56] ZHANG T Y, HUANG Z P, LI S M. Numerical simulation of thermal stratification in liquid hydrogen[A]//Advances in cryogenic engineering [C]. Boston: Springer, 1996: 155-161.

[57] KHURANA T K, PRASAD B V S S S, RAMAMURTHI K, et al. Thermal stratification in ribbed liquid hydrogen storage tanks[J]. International journal of hydrogen energy, 2006, 31(15): 2299-2309.

[58] KUMAR S P, PRASAD B V S S S, VENKATARATHNAM G, et al. Influence of surface evaporation on stratification in liquid hydrogen tanks of different aspect ratios[J]. International journal of hydrogen energy, 2007, 32(12): 1954-1960.

[59] GANDHI M S, JOSHI J B, VIJAYAN P K. Study of two phase thermal stratification in cylindrical vessels: CFD simulations and PIV measurements[J]. Chemical engineering science, 2013, 98: 125-151.

[60] REN J J, SHI J Y, LIU P, et al. Simulation on thermal stratification and de-stratification in liquefied gas tanks [J]. International journal of hydrogen energy, 2013, 38(10): 4017-4023.

[61] REID R C. Possible mechanism for pressurized-liquid tank explosions or BLEVE's[J]. Science, 1979, 203: 1263-1265.

[62] PITBLADO R. Potential for BLEVE associated with marine LNG vessel fires[J]. Journal of hazardous materials, 2007, 140(3): 527-534.

[63] PLANAS-CUCHI E, GASULLA N, VENTOSA A, et al. Explosion of a road tanker containing liquified natural gas[J]. Journal of loss prevention in the process industries, 2004, 17(4): 315-321.

[64] BARBONE R. Explosive boiling of a depressurized volatile liquid[D]. Quebec: McGill University, 1994.

[65] PRUGH R W. Quantitativeevaluation of "bleve" hazards[J]. Journal of fire protection engineering, 1991, 3(1): 9-24.

[66] ABBASI T, ABBASI S. The boiling liquid expanding vapour explosion (BLEVE): Mechanism, consequence assessment, management[J]. Journal of hazardous materials, 2007, 141(3): 489-519.

[67] 曾丹苓,敬成君. 利用涨落理论确定液体的极限过热度[J]. 中国科学(A辑), 1995, 25(10): 1075-1081.

[68] 刘朝,明向军,曾丹苓,等. 液体理论极限过热度的确定[J]. 工程热物理学报, 1997(3): 265-269.

[69] RUTLEDGE G A. Failure of small pressure liquefied gas containers[D]. New Brunswick: University of New Brunswick, 1997.

[70] VENART J, SOLLOWS K, SUMATHIPALA K, et al. Boiling liquid compressed bubble explosions: experiments/models[J]. American society of mechanical engineers, fluids engineering division (publication) FED, 1993, 165: 55-60.

[71] VENART J, RUTLEDGE G, SUMATHIPALA K, et al. To BLEVE or not to BLEVE: Anatomy of a boiling liquid expanding vapor explosion [J]. Process safety progress, 1993, 12(2): 67-70.

[72] RAMIER S A. Dynamic pressures upon top venting of pressurized

liquefied gas vessels [D]. New Brunswick: University of New Brunswick,1997.

[73] BIRK A M,CUNNINGHAM M H. The boiling liquid expanding vapour explosion[J]. Journal of loss prevention in the process industries,1994,7(6):474-480.

[74] KIELEC D J,BIRK A M. Analysis of fire-induced ruptures of 400-L propane tanks[J]. Journal of pressure vessel technology,1997,119(3):365-373.

[75] BIRK A M. Hazards from propane BLEVEs:an update and proposal for emergency responders [J]. Journal of loss prevention in the process industries,1996,9(2):173-181.

[76] BIRK A M,VANDERSTEEN J D J. On thetransition from non-BLEVE to BLEVE failure for a 1. 8 m^3 propane tank[J]. Journal of pressure vessel technology,2006,128(4):648-655.

[77] BIRK A M. Thermal protection of pressure vessels by internal wall cooling during pressure relief[J]. Journal of pressure vessel technology,1990,112(4):427-431.

[78] BIRK A M. Theoretical investigation of internal wall cooling of a pressure vessel engulfed in fire[J]. Journal of pressure vessel technology,1990,112(3):273-278.

[79] STAWCZYK J. Experimental evaluation of LPG tank explosion hazards [J]. Journal of hazardous materials,2003,96(2/3):189-200.

[80] RIRKSOMBOON T. Investigation of small-scale BLEVE tests[D]. New Brunswick:University of New Brunswick,1997.

[81] MCDEVITT C,CHAN C,STEWARD F,et al. Initiation step of boiling liquid expanding vapour explosions[J]. Journal of hazardous materials,1990,25(1):169-180.

[82] CUMBER P. Modelling top venting vessels undergoing level swell[J]. Journal of hazardous materials,2002,89(2):109-125.

[83] KIM-E M E. The possible consequences of rapidly depressurizing a fluid [D]. Boston:Massachusetts Institute of Technology,1981.

[84] BARTAK J. A study of the rapid depressurization of hot water and the dynamics of vapour bubble generation in superheated water [J]. International journal of multiphase flow,1990,16(5):789-798.

[85] HANAOKA Y, MAENO K, ZHAO L, et al. A study of liquid flashing

phenomenon under rapid depressurization[J]. JSME international journal ser 2, fluids engineering, heat transfer, power, combustion, thermophysical properties, 1990, 33(2): 276-282.

[86] BJERKETVEDT D, EGEBERG K, KE W, et al. Boiling liquid expanding vapour explosion in CO_2 small scale experiments[J]. Energy procedia, 2011, 4: 2285-2292.

[87] BIRK A M, DAVISON C, CUNNINGHAM M. Blast overpressures from medium scale BLEVE tests[J]. Journal of loss prevention in the process industries, 2007, 20(3): 194-206.

[88] 王庆慧. 压力容器蒸汽爆炸临界条件分析及后果仿真[D]. 大庆: 东北石油大学, 2011.

[89] HILL L G, STURTEVANT B. An experimental study of evaporation waves in a superheated liquid[A]//Adiabatic Waves in Liquid-Vapor Systems[C]. Berlin: springer, 1990: 25-37.

[90] HAHNE E, BARTHAU G. Evaporation waves in flashing processes[J]. International journal of multiphase flow, 2000, 26(4): 531-547.

[91] REINKE P, YADIGAROGLU G. Explosive vaporization of superheated liquids by boiling fronts[J]. International journal of multiphase flow, 2001, 27(9): 1487-1516.

[92] FROST D L, BARBONER, NERENBERG J. Small-scale BLEVE tests with refrigerant-22[R]. Montreal: Transportation Development Centre, Transport Canada, 19953

[93] CHEN S N, SUN J H, WAN W. Boiling liquid expanding vapor explosion: experimental research in the evolution of the two-phase flow and over-pressure[J]. Journal of hazardous materials, 2008, 156(1/2/3): 530-537.

[94] CHEN S N, SUN J H, CHU G Q. Small scale experiments on boiling liquid expanding vapor explosions: vessel over-pressure[J]. Journal of loss prevention in the process industries, 2007, 20(1): 45-51.

[95] 陈思凝. 沸腾液体膨胀蒸气爆炸(BLEVE)动力演化机理的小尺寸模拟试验研究[D]. 合肥: 中国科学技术大学, 2007.

[96] LIN W S, GONG Y W, GAO T, et al. Experimental studies on the thermal stratification and its influence on BLEVEs[J]. Experimental thermal and fluid science, 2010, 34(7): 972-978.

[97] 吉卫军. 沸腾液体膨胀蒸汽爆炸的初步研究[D]. 大连: 大连理工大

学,1997.

[98] NUTTER D W,O'NEAL D L. Modeling the transient outlet pressure and mass flow during flashing of HCFC-22 in a small nonadiabatic vessel [J]. Mathematical and computer modelling,1999,29(8):105-116.

[99] LENCLUD J, VENART J E. Single and two-phase discharge from a pressurized vessel [J]. Revue générale de thermique, 1996, 35 (416): 503-516.

[100] FTHENAKIS V M,ROHATGI U S,CHUNG B D. A simple model for predicting the release of a liquid-vapor mixture from a large break in a pressurized container [J]. Journal of loss prevention in the process industries,2003,16(1):61-72.

[101] BOESMANS B,BERGHMANS J. Modelling boiling delay and transient level swell during emergency pressure relief of liquefied gases [J]. Journal of hazardous materials,1996,46(2/3):93-104.

[102] 林文胜,顾安忠,鲁雪生.低温容器的蒸汽爆炸现象初探[J].低温与特气,2002,20(2):20-23.

[103] 王海蓉,马晓茜. LNG 容器蒸气膨胀爆炸特性研究[J].低温工程,2006(5):57-60.

[104] YU C M,VENART J E S. The boiling liquid collapsed bubble explosion (BLCBE):a preliminary model[J]. Journal of hazardous materials,1996,46(2/3):197-213.

[105] 俞昌铭.压力陡降及容积加热条件下气-液两相系统瞬态分析[J].工程热物理学报,1994,15(2):205-209.

[106] PINHASI G A,ULLMANN A,DAYAN A. 1D plane numerical model for boiling liquid expanding vapor explosion (BLEVE)[J]. International journal of heat and mass transfer,2007,50(23/24):4780-4795.

[107] 尚拓强.沸腾液体扩展蒸汽爆炸(BLEVE)微观演化机理的模拟研究[D].北京:北京化工大学,2012.

[108] 尚拓强,陈思凝,张东胜,等.沸腾液体扩展蒸汽爆炸初期演化过程的数值模拟[J].北京化工大学学报(自然科学版),2012,39(4):101-105.

[109] 叶志烜.液化气体储罐爆沸过程的数值模拟研究[D].大连:大连理工大学,2014.

[110] 杨雪.液化气体储罐热响应过程的试验研究[D].大连:大连理工大学,2012.

[111] WANG H, PENG X F, WANG B X, et al. Jet flow phenomena during nucleate boiling[J]. International journal of heat and mass transfer, 2002, 45(6): 1359-1363.

[112] 江军，柯道友. 过冷沸腾中的局域气泡和射流的动态行为[J]. 工程热物理学报，2006，27(增刊 2)：65-68.

[113] CHRISTOPHER D M, WANG H, PENG X F. Heat transfer enhancement due to Marangoni flow around moving bubbles during nucleate boiling[J]. Tsinghua science & technology, 2006, 11(5): 523-532.

[114] 王昊，彭晓峰，王补宣，等. 过冷沸腾汽泡顶部射流可视化试验研究[J]. 热科学与技术，2003，2(3)：279-282.

[115] GONG Y W, LIN W S, GU A Z, et al. A simplified model to predict the thermal response of PLG and its influence on BLEVE[J]. Journal of hazardous materials, 2004, 108(1/2): 21-26.

[116] 杨世铭，陶文铨. 传热学[M]. 4 版. 北京：高等教育出版社，2006.

[117] 林瑞泰. 沸腾换热[M]. 北京：科学出版社，1988.

[118] AYDEMIR N U, MAGAPU V K, SOUSA A C M, et al. Thermal response analysis of LPG tanks exposed to fire[J]. Journal of hazardous materials, 1988, 20: 239-262.

[119] 王松岭. 流体力学[M]. 北京：中国电力出版社，2004.

[120] 俞昌铭，熊音. 一种冷爆炸现象的物理数学分析初探[J]. 工程热物理学报，1995，16(3)：354-357.

[121] PROSPERETTI A, PLESSET M S. Vapour-bubble growth in a superheated liquid[J]. Journal of fluid mechanics, 1978, 85(2): 349.

[122] 刘朝，曾丹苓. 快速降压下过热液中汽泡的生长[J]. 工程热物理学报，1998，19(1)：1-4.

[123] MAREK R, STRAUB J. Analysis of the evaporation coefficient and the condensation coefficient of water[J]. International journal of heat and mass transfer, 2001, 44(1): 39-53.

[124] YANG T H, PAN C. Molecular dynamics simulation of a thin water layer evaporation and evaporation coefficient[J]. International journal of heat and mass transfer, 2005, 48(17): 3516-3526.

[125] LEUNG J C. A generalized correlation for one-component homogeneous equilibrium flashing choked flow[J]. AIChE journal, 1986, 32(10): 1743-1746.

[126] LENZING T, FRIEDEL L, ALHUSEIN M. Critical mass flow rate in accordance with the omega-method of DIERS and the Homogeneous Equilibrium Model [J]. Journal of loss prevention in the process industries, 1998, 11(6): 391-395.

[127] WOODWARD J L. Validation of two models for discharge rate[J]. Journal of hazardous materials, 2009, 170(1): 219-229.

[128] DIENER R, SCHMIDT J. Sizing of throttling device for gas/liquid two-phase flow part 2: control valves, orifices, and nozzles[J]. Process safety progress, 2005, 24(1): 29-37.

[129] DIENER R, SCHMIDT J. Sizing of throttling device for gas/liquid two-phase flow part 1: safety valves[J]. Process safety progress, 2004, 23(4): 335-344.

[130] SCHMIDT J. Sizing of nozzles, venturis, orifices, control and safety valves for initially sub-cooled gas/liquid two-phase flow-the HNE-DS method[J]. Forsch ingenieurwes, 2007, 71(1): 47-58.